CHOUSHUI XUNENG DIANZHAN TONGYONG SHEJI

抽水蓄能电站通用设计

装饰材料分册

国网新源控股有限公司　组编

中国电力出版社

CHINA ELECTRIC POWER PRESS

内容提要

为进一步提升抽水蓄能电站标准化建设水平，深入总结工程建设管理经验，提高工程建设质量和管理效益，国网新源控股有限公司组织有关研究机构、设计单位和专家，在充分调研、精心设计、反复论证的基础上，编制完成了《抽水蓄能电站通用设计》系列丛书，本丛书共 5 个分册。

本书为《装饰材料分册》，主要内容有 4 章，分别为概述、生产区、办公区、生活区等内容。附录为指导标准，包括装修材料指导标准、通用工艺标准、常用装修通用标准节点。

本丛书适合抽水蓄能电站设计、建设、运维等有关技术人员阅读使用，其他相关人员可供参考。

图书在版编目（CIP）数据

抽水蓄能电站通用设计 . 装饰材料分册 / 国网新源控股有限公司组编 . —北京：中国电力出版社，2020.7
ISBN 978-7-5198-4106-5

Ⅰ. ①抽… Ⅱ. ①国… Ⅲ. ①抽水蓄能水电站－装饰材料 Ⅳ. ① TV743

中国版本图书馆 CIP 数据核字（2020）第 065703 号

出版发行：中国电力出版社
地　　址：北京市东城区北京站西街 19 号
邮政编码：100005
网　　址：http://www.cepp.sgcc.com.cn
责任编辑：孙建英（010-63412369）　董艳荣
责任校对：黄　蓓　王海南
装帧设计：赵姗姗
责任印制：吴　迪

印　　刷：三河市百盛印装有限公司
版　　次：2020 年 7 月第一版
印　　次：2020 年 7 月北京第一次印刷
开　　本：787 毫米 ×1092 毫米　横 16 开本
印　　张：3.5
字　　数：107 千字
印　　数：0001—1000 册
定　　价：34.00 元

编　委　会

主　　任　路振刚

副 主 任　黄悦照　王洪玉

委　　员　张亚武　朱安平　佟德利　张国良　张全胜　常玉红　费万堂　赵常伟　李富春　胡代清

　　　　　李　冰　王　可　文学军　王红涛

主　　编　朱安平　李富春

执行主编　王　珏　何少云

编写人员　潘福营　茹松楠　曾锋荣　刘延科　栾春林　温学军　丛中方　刘建新　胡紫航　张显羽

　　　　　郑贤喜　叶丽丹　丁建军　陆承泽　方　珏　潘圣隐

前　　言

　　抽水蓄能电站运行灵活、反应快速，是电力系统中具有调峰、填谷、调频、调相、备用和黑启动等多种功能的特殊电源，是目前最具经济性的大规模储能设施。随着我国经济社会的发展，电力系统规模不断扩大，用电负荷和峰谷差持续加大，电力用户对供电质量要求不断提高，随机性、间歇性新能源大规模开发，对抽水蓄能电站发展提出了更高要求。2014 年国家发展改革委下发"关于促进抽水蓄能电站健康有序发展有关问题的意见"，确定"到 2025 年，全国抽水蓄能电站总装机容量达到约 1 亿 kW，占全国电力总装机的比重达到 4％左右"的发展目标。

　　抽水蓄能电站建设规模持续扩大，大力研究和推广抽水蓄能电站标准化设计，是适应抽水蓄能电站快速发展的客观需要。国网新源控股有限公司作为全球最大的调峰调频专业运营公司，承担着保障电网安全、稳定、经济、清洁运行的基本使命，经过多年的工程建设实践，积累了丰富的抽水蓄能电站建设管理经验。为进一步提升抽水蓄能电站标准化建设水平，深入总结工程建设管理经验，提高工程建设质量和管理效益，国网新源控股有限公司组织有关研究机构、设计单位和专家，在充分调研、精心设计、反复论证的基础上，编制完成了《抽水蓄能电站通用设计》系列丛书，包括上下水库区域地表工程、地下洞室群通风系统、物防和技防设施配置、装饰设计、装饰材料五个分册。

　　本通用设计坚持"安全可靠、技术先进、保护环境、投资合理、标准统一、运行高效"的设计原则，追求统一性与可靠性、先进性、经济性、适应性和灵活性的协调统一。该书凝聚了抽水蓄能行业诸多专家和广大工程技术人员的心血和智慧，是公司推行抽水蓄能电站标准化建设的又一重要成果。希望本书的出版和应用，能有力促进和提升我国抽水蓄能电站建设发展，为保障电力供应、服务经济社会发展做出积极的贡献。

　　由于编者水平有限，不妥之处在所难免，敬请读者批评指正。

编者

2020 年 3 月

目　　录

第1章 概　述

1.1　主要内容

抽水蓄能电站通用设计标准化是国家电网有限公司标准化建设成果的有机组成部分，是国网新源控股有限公司（简称国网新源公司）为适应抽水蓄能电站跨区域化发展的需求、满足电站建设开发与生态环境保护、促进抽水蓄能电站和谐建设、迅速提升抽水蓄能电站企业形象的新举措。通用设计标准化将进一步强化国网新源公司抽水蓄能电站工程设计管理，改进抽水蓄能电站设计理念、方法，促进技术创新，逐步推行标准化设计及典型设计，深入贯彻全寿命周期设计理念，全面提高工程设计质量。

根据国网新源公司《抽水蓄能电站通用设备、通用设计工作部署会会议纪要》（2015年）的要求，开展通用设备、通用设计工作，其中《抽水蓄能电站通用设计　装饰材料分册》主要内容共分为三部分，具体如下：

1. 生产区

（1）地下洞室群：主厂房及主副厂房、主变压器洞及变压器副厂房、进厂交通洞及通风兼安全洞、其他附属洞室（母线洞、尾闸洞等）。

（2）500kV开关站：GIS室、继保楼。

（3）辅助管理用房：闸门启闭机室，配电房，上、下水库管理用房，水工监测数据采集用房。

（4）消防站、仓储（封闭仓库、恒温恒湿库）。

2. 办公区

办公区主要包括办公楼、中控楼。

3. 生活区

生活区主要包括食堂、公寓、接待中心、文体中心、门卫。

1.2　编制原则

遵循国家电网有限公司"资源节约型、环境友好型、工业化"抽水蓄能电站建设的原则，抽水蓄能电站工程通用设计装修材料分册内容丰富、涵盖面广，设计方案努力做到功能性、适用性、经济性、节能性、环保性并与电站工作环境相融合。各部分设计根据内容差异遵循国家电网有限公司标准化建设的相关规定、国网新源公司抽水蓄能电站工程通用设计工作的相关要求开展设计。

1.3　工作组织

为了加强组织协调工作，成立了抽水蓄能电站装饰材料通用设计的工作组、编制组和专家组，分别开展相关工作。

工作组以国家电网有限公司基建部为组长单位，国网新源公司为副组长单位，编写单位为成员单位，主要负责通用设计总体工作方案策划、组织、指导和协调通用设计研究编制工作。

本分册由中国电建集团华东勘测设计研究院有限公司（简称华东院）负责设计与编制。

1.4　编制过程

2016年1月，国网新源公司对抽水蓄能电站通用设计进行招标，中国电建集团华东勘测设计研究院有限公司中标承担装饰材料分册的设计工作。

2016年4月10日，完成初步设计框架，明确调研范围及收资明细。

2016年4月30日，完成调研收资及设计细部范围明细。

2016年7月31日，完成调研及资料收集，完成装修材料分册初步成果及图册。

2016年8月31日国网新源公司组织专家对通用设计分册成果进行了评审，提出了评审意见。

2016年9月30日根据国网新源公司组织专家对装饰材料分册成果进行评审，提出了评审意见。根据审查意见进行修订完善。

2016年10月31日按照评审意见的要求，华东院完成本分册最终成果。

1.5 总体设计要求

1.5.1 设计原则

1. 环保节能原则

选择绿色环保的建筑装修材料、节能设备。

2. 经济实用原则

选择相应地区常规材料及施工工艺。

3. 节约资源原则

合理选材用材，减少污染，使资源循环再利用。

4. 施工便捷原则

尽量利用材料特性进行合理使用，便于安装和替换。

5. 安全可靠原则

选择合格产品，采用正确施工工艺，避免造成经济损失及人身安全。

1.5.2 选材形式

抽水蓄能电站位于水库区边，地表含水率较高，空气湿度长年较大。因此，厂房类地面材料应坚固耐久耐磨、光滑不起尘、易清除；洞群室地面材料应坚固耐久耐磨、防滑、易排水。厂房类墙面材料应防腐、防潮、防火、易拆装；仓储类墙面材料应防腐、防潮、防火。进厂交通洞、通风兼安全洞及附属洞室墙面材料应坚固耐用、防腐、防潮。办公区、生活区材料应经济美观、环保节能、合理用材。如有防酸要求的房间，应采用耐酸材料地面，并应有良好的排水、防渗设施。

1.5.3 选材标准

1. 内外墙装修材料选用

外墙涂料及油漆应选用国产优质产品，除特殊原因外不宜选用漆片、银粉、铅粉、硬蜡、耐高温漆等材料。外墙严禁使用外挂石材及玻璃幕墙。内墙装修不宜选用金属瓷砖。

2. 地面装修材料选用

不宜选用金属（钒钛）地面瓷砖及踢脚。地面材料选用大理石、花岗岩时应采用国产优质产品，但也应尽量避免选用价格较高的产品。尺寸选择应满足美观要求。普通地面砖每块面积不宜超过 $1.0m^2$。有防静电要求的可选用防静电地板。木地板宜采用实木复合地板。

3. 吊顶装修材料选用

吊顶龙骨不宜选用烤漆龙骨。吊顶装修板材不宜选用玻璃板材、金属板材、泡沫水泥聚苯颗粒板，个别部位确因顶面跨度较大需采用特殊材料的应报公司基建部批准。

4. 其他

装修线条、五金制品、卫生洁具、开关、插座及附属材料、灯具及附件、管线敷设附属材料、电缆连接件及附属材料、电气外线材料、弱电材料等装修材料均应本着物美价廉、安全耐久的原则在国产优质产品中进行选择。

第 2 章   生 产 区

2.1 设计依据

装修材料设计必须依据现有国家规范、行业标准，以及国网新源公司内部标准及文件。但不限于下述内容。

GBJ 116—1998 火灾自动报警系统设计规范

GB 6566—2010 建筑材料放射性核素限量

GB 18580—2017 室内装饰装修材料　人造板及其制品中甲醛释放限量

GB 18581—2009 室内装饰装修材料　溶剂型木器涂料中有害物质限量

GB 18582—2008 室内装饰装修材料　内墙涂料中有害物质限量

GB 18583—2008 室内装饰装修材料　胶粘剂中有害物质限量

GB 50016—2014 建筑设计防火规范

GB 50084—2017 自动喷水灭火系统设计规范

GB 50140—2005 建筑灭火器配置设计规范

GB 50189—2015 公共建筑节能设计标准

GB 50222—2017 建筑内部装修设计防火规范

GB 50325—2010 民用建筑工程室内环境污染控制规范

GB 50352 民用建筑设计统一标准

GB 50354—2005 建筑内部装修防火施工及验收规范

GB 50974—2014 消防给水及消火栓系统技术规范

DL/T 5113.1—2019 水电水利基本建设工程单元工程质量等级评定标准
第1部分：土建工程

DL/T 5140—2001 水利发电厂照明设计规范

SL 266—2014 水电站厂房设计规范

SDJ 278—1990 水利水电工程设计防火规范

JGJ/T 67—2019 办公建筑设计规范

DGJ 08-94—2001 民用建筑水灭火系统设计规程

建筑装饰装修工程施工质量验收标准规范及强制性条文（2006年版）

2.2 选材范围及要求

1. 选材范围

（1）地下洞室群和500kV开关站：石材、铝材、板材、水泥浆、环氧地坪漆、装修性面材、涂料等。

（2）辅助管理用房：地砖、环氧地坪漆、涂料等。

（3）消防站、仓储：地砖、铝材、板材、环氧地坪漆、涂料等。

2. 选材要求

选择绿色环保材料，重视环保和防火要求，根据设计规范要求选择相应防火等级材料。同时，选材应经济实用、施工便捷、安全可靠。避免使用劣质、低等材料，防止为装修留下隐患。可根据装修材料的特性及参数规格进行优化，合理用材，同时对装修材料设计进行标准化和规范化。

地下洞室群、500kV开关站：地面需进行防潮处理，有防潮要求的墙面应选用不易吸潮，不结露材料。室内有洁净、防污染和检修要求的建筑部位，应设有墙裙或踢脚线。有耐酸要求的室内墙面应严实无缝，并涂耐酸漆或铺设耐酸材料。常用办公室内墙面应平整、易清洁，不能采用墙纸类或布艺类饰面。主厂房和交通洞选材应安全可靠、坚固耐用、防潮防腐并具备无污染无害化。

辅助管理用房、消防站、仓储：地面需进行防潮处理，有防潮要求的墙面应选用不易吸潮，不结露材料。常用室内墙面应平整、易清洁，不能采用墙纸类或布艺类饰面。

2.3 材料应用

材料的应用需根据材料的类型、特性、参数、规格及使用部位进行合理设计。在选材中应注重施工工艺及使用地域环境，在具体的工程应用中，需综合考虑各方面的环境因素，应与现有国家标准、行业标准相关内容配套使用。使用时对不同的抽水蓄能电站所在的地理位置，可就地取材。

2.4 地下厂房洞室群

地下厂房洞室群各部位的装修材料设计，根据不同生产区域进行分类。

2.4.1 主厂房洞发电机层

主厂房洞发电机层装修材料指导标准材料见表2-1。

表 2-1　　　　主厂房洞发电机层装修材料指导标准材料

部位	类别	名称	规格尺寸（mm×mm）	厚度（mm）	色系	备注
发电机层	顶棚	铝板	300×1200、600×600、600×900	1.2、1.5、1.8	白色系/灰色系	铝单板、铝锰板
		铝管	40×60、60×60、60×80	0.6、0.8、1.0、1.2	白色系/灰色系	U形铝条
		生态木	80×100、100×120、120×120、150×120	12、15、18、20	木色系/米色系	饰面层选样
	内墙	乳胶漆	—	水性涂料	白色系/米色系	国产品牌
		大理石	尺寸可定制	20、25	米色系/白色系	国产品牌
		花岗岩	尺寸可定制	20、25	米色系/白色系	国产品牌
		陶瓷薄板	1200×600、600×900	5、6	白色系/灰色系	国产品牌
		铝单板、穿孔铝板	1200×2400、1200×600	1.5、1.8、2.0	白色系/浅色系	铝单板、铝锰板
	地面	大理石（门槛）	—	20、25、35	米色系/白色系	国产品牌
		花岗岩	800×800、1000×1000	25、30、35	米色系/浅色系	国产品牌
		地砖	800×800、1000×1000	20、25	米色系/灰色系	国产品牌

部位	类别	名称	规格尺寸（mm×mm）	厚度（mm）	色系	备注
发电机层	门	防爆门	根据设计尺寸	120、150、200	白色系/灰色系	国产品牌
		防火门	根据设计尺寸	60、80	白色系/灰色系	消防部门产品
		木门	2100×1200、2100×1500、2100×1000	60、80	白色系/灰色系	国产品牌
	栏杆	不锈钢	高度1050		灰色系/银白色系	国产品牌
		拉丝不锈钢	高度1050		灰色系/钛金灰色系	碳钢铝镁拉丝不锈钢
	照明	节能灯	T5、T7			国产品牌
		LED	根据设计型号			国产品牌
		三防灯	大小高棚灯、遥控升降灯、投光灯		黑色系/白色系	专业工业用灯

2.4.2 主厂房洞中间层、水轮机层、蜗壳层

主厂房洞中间层、水轮机层、蜗壳层装修材料指导标准材料见表2-2。

表 2-2 主厂房洞中间层、水轮机层、蜗壳层装修材料指导标准材料

部位	类别	名称	规格尺寸（mm×mm）	厚度（mm）	色系	备注
中间层、水轮机层、蜗壳层	顶棚	乳胶漆	—	水性涂料	白色系/米色系	国产品牌
	内墙	乳胶漆	—	水性涂料	白色系/米色系	国产品牌
		花岗岩	600×900、800×800	25、30、35	米色系/白色系	国产品牌
		清水混凝土墙体	根据设计尺寸			国产品牌
	地面	地砖	800×800、1000×1000	15、18、20	米色系/灰色系	国产品牌
		花岗岩	800×800、1000×1000	25、30、35	米色系/浅色系	国产品牌
		地坪漆	—	1.5、2.0、2.5	灰色系/绿色系	国产品牌
	门	防爆门	根据设计尺寸	120、150、200	白色系/灰色系	国产品牌
		防火门	根据设计尺寸	60、80	白色系/灰色系	消防部门产品
		木门	2100×1200、2100×1500、2100×1000	60、80	白色系/灰色系	国产品牌

部位	类别	名称	规格尺寸（mm×mm）	厚度（mm）	色系	备注
中间层、水轮机层、蜗壳层	栏杆	不锈钢	高度1050		灰色系/银白色系	国产品牌
		拉丝不锈钢	高度1050		灰色系/钛金灰色系	碳钢铝镁拉丝不锈钢
	照明	节能灯	T5、T7			国产品牌
		LED	根据设计型号			国产品牌
		三防灯	大小高棚灯、遥控升降灯、投光灯		黑色系/白色系	专业工业用灯

2.4.3 主厂房洞（其他层）

主厂房洞（其他层）装修材料指导标准材料见表2-3。

表 2-3 主厂房洞（其他层）装修材料指导标准材料

部位	类别	名称	规格尺寸（mm×mm）	厚度（mm）	色系	备注
其他层	顶棚	乳胶漆	—	水性涂料	白色系/米色系	国产品牌
	内墙	乳胶漆	—	水性涂料	白色系/米色系	国产品牌
	地面	地坪漆	—	1.5、2.0、2.5	灰色系/绿色系	国产品牌
	门	防爆门	根据设计尺寸	120、150、200	白色系/灰色系	国产品牌
		防火门	根据设计尺寸	60、80	白色系/灰色系	消防部门产品
	栏杆	不锈钢	高度1050		灰色系/银白色系	国产品牌
	照明	节能灯	T5、T7			国产品牌
		LED	根据设计型号			国产品牌
		三防灯	大小高棚灯、遥控升降灯、投光灯		黑色系/白色系	专业工业用灯

2.4.4 主副厂房洞（设备层）

主副厂房洞（设备层）装修材料指导标准材料见表2-4。

表 2-4　　　　主副厂房洞（设备层）装修材料指导标准材料

部位	类别	名称	规格尺寸（mm×mm）	厚度（mm）	色系	备注
尾水管层、蜗壳层、水轮机层、母线层、发电机层、电缆夹层、发电机层、直流层、风机层	顶棚	乳胶漆	—	水性涂料	白色系/米色系	国产品牌
	内墙	乳胶漆	—	水性涂料	白色系/米色系	国产品牌
	地面	地坪漆	—	1.5、2.0、2.5	灰色系/绿色系	国产品牌
	地面	地砖	600×600、800×800	10、12	米色系/白色系	国产品牌
	门	防爆门	根据设计尺寸	120、150、200	白色系/灰色系	国产品牌
	门	防火门	根据设计尺寸	60、80	白色系/灰色系	消防部门产品
	门	木门	2100×1200、2100×1500、2100×1000	60、80	木色系/米色系	国产品牌
	门	卷帘门	根据设计尺寸		白色系/灰色系	钢制
	栏杆	不锈钢	高度1050		灰色系/银白色系	国产品牌
	栏杆	拉丝不锈钢	高度1050		灰色系/钛金灰色系	碳钢铝镁拉丝不锈钢
	照明	节能灯	T5、T7			国产品牌
	照明	LED	根据设计型号			国产品牌
	照明	三防灯	大小高棚灯、遥控升降灯、投光灯		黑色系/白色系	专业工业用灯

2.4.5　主副厂房洞（公共部位）

主副厂房洞（公共部位）装修材料指导标准材料见表 2-5。

表 2-5　　　　主副厂房洞（公共部位）装修材料指导标准材料

部位	类别	名称	规格尺寸（mm×mm）	厚度（mm）	色系	备注
电梯前厅、楼梯间	顶棚	乳胶漆	—	水性涂料	白色系/米色系	国产品牌
	内墙	乳胶漆	—	水性涂料	白色系/米色系	国产品牌
	地面	花岗岩	600×600	20、25	白色系/灰色系	国产品牌
	地面	地砖	600×600	10、12	米色系/白色系	国产品牌
	门	防火门	根据设计尺寸	60、80	白色系/灰色系	消防部门产品
	门	木门	2100×1200、2100×1500、2100×1000	60、80	木色系/米色系	国产品牌
电梯前厅、楼梯间	栏杆	拉丝不锈钢	根据设计尺寸		灰色系/钛金灰色系	碳钢铝镁拉丝不锈钢
	照明	节能灯	T5、T7			国产品牌
	照明	LED	根据设计型号			国产品牌

2.4.6　主变压器洞

主变压器洞装修材料指导标准材料见表 2-6。

表 2-6　　　　主变压器洞装修材料指导标准材料

部位	类别	名称	规格尺寸（mm×mm）	厚度（mm）	色系	备注
主变压器室、SFS输入/输出变压器室、厂变压器室、主变压器洞运输通道、GIS层、通风层	顶棚	乳胶漆	—	水性涂料	白色系/米色系	国产品牌
	内墙	乳胶漆	—	水性涂料	白色系/米色系	国产品牌
	地面	地坪漆	—	1.5、2.0、2.5	灰色系/绿色系	国产品牌
	地面	地砖	600×600、800×800	10、12	米色系/白色系	国产品牌
	门	防爆门	根据设计尺寸	120、150、200	白色系/灰色系	国产品牌
	门	防火门	根据设计尺寸	60、80	白色系/灰色系	消防部门产品
	门	木门	2100×1200、2100×1500、2100×1000	60、80	木色系/米色系	国产品牌
	门	卷帘门	根据设计尺寸		白色系/灰色系	钢制
	栏杆	不锈钢	高度1050		灰色系/银白色系	国产品牌
	栏杆	拉丝不锈钢	高度1050		灰色系/钛金灰色系	碳钢铝镁拉丝不锈钢
	照明	节能灯	T5、T7			国产品牌
	照明	LED	根据设计型号			国产品牌
	照明	三防灯	大小高棚灯、遥控升降灯、投光灯		黑色系/白色系	专业工业用灯

2.4.7　变压器副厂房

变压器副厂房装修材料指导标准材料见表 2-7。

表 2-7　　　　　　变压器副厂房装修材料指导标准材料

部位	类别	名称	规格尺寸（mm×mm）	厚度（mm）	色系	备注
电缆夹层、10kV厂用电开关室、电缆层、公共LCU和SFC设备层、通风层、楼梯间	顶棚	乳胶漆	—	水性涂料	白色系/米色系	国产品牌
	内墙	乳胶漆	—	水性涂料	白色系/米色系	国产品牌
	地面	地坪漆	—	1.5、2.0、2.5	灰色系/绿色系	国产品牌
		地砖	600×600、800×800	10、12	米色系/白色系	国产品牌
		水泥砂浆	—		原色	国产品牌
	门	防爆门	根据设计尺寸	120、150、200	白色系/灰色系	国产品牌
		防火门	根据设计尺寸	60、80	白色系/灰色系	消防部门产品
		木门	2100×1200、2100×1500、2100×1000	60、80	木色系/米色系	国产品牌
		卷帘门	根据设计尺寸		白色系/灰色系	钢制
	栏杆	不锈钢	高度1050		灰色系/银白色系	国产品牌
		拉丝不锈钢	高度1050		灰色系/钛金灰色系	碳钢铝镁拉丝不锈钢
	照明	节能灯	T5、T7			国产品牌
		LED	根据设计型号			国产品牌
		三防灯	大小高棚灯、遥控升降灯、投光灯		黑色系/白色系	专业工业用灯

2.4.8　进厂交通洞、通风兼安全洞

进厂交通洞、通风兼安全洞装修材料指导标准材料见表2-8。

表 2-8　　　　　进厂交通洞、通风兼安全洞装修材料指导标准材料

部位	类别	名称	规格尺寸（mm×mm）	厚度（mm）	色系	备注
进厂交通洞、通风兼安全洞	顶棚	乳胶漆	—	水性涂料	白色系/米色系	国产品牌
	内墙	乳胶漆	—	水性涂料	白色系/米色系	国产品牌
		铝板	600×1200、1200×2400	1.2、1.5、1.8	白色系/米色系	国产品牌
	地面	地坪漆	—	1.5、2.0、2.5	灰色系/绿色系	国产品牌
		水泥地面	—		原色	国产品牌
	门	钢质门	根据设计尺寸		黑色系/灰色系	国产品牌
	照明	节能灯	T5、T7			国产品牌
		三防灯	小高棚灯、投光灯		黑色系/白色系	专业工业用灯

2.4.9　其他附属洞室

其他附属洞室装修材料指导标准材料见表2-9。

表 2-9　　　　　　其他附属洞室装修材料指导标准材料

部位	类别	名称	规格尺寸（mm×mm）	厚度（mm）	色系	备注
母线洞、尾闸洞	顶棚	乳胶漆	—	水性涂料	白色系/米色系	国产品牌
	内墙	乳胶漆	—	水性涂料	白色系/米色系	国产品牌
	地面	地坪漆	—	1.5、2.0、2.5	灰色系/绿色系	国产品牌
		地砖	600×600、800×800	10、12	米色系/白色系	国产品牌
	门	木门	2100×1200、2100×1500、2100×1000	60、80	木色系/米色系	国产品牌
		防火门	根据设计尺寸	60、80	白色系/灰色系	消防部门产品
		钢质门	根据设计尺寸		黑色系/灰色系	国产品牌
	栏杆	不锈钢	高度1050		灰色系/银白色系	国产品牌
	照明	节能灯	T5、T7			国产品牌
		三防灯	小高棚灯、投光灯		黑色系/白色系	专业工业用灯

2.5　开关站

开关站各部位的装修材料设计，根据不同功能进行分类。主要有以下功能部位：GIS室、继保楼。

2.5.1　GIS室

GIS室装修材料指导标准材料见表2-10。

表 2-10　　　　　　GIS室装修材料指导标准材料

部位	类别	名称	规格尺寸（mm×mm）	厚度（mm）	色系	备注
GIS层、GIS室电缆层	顶棚	乳胶漆	—	水性涂料	白色系/米色系	国产品牌
	内墙	乳胶漆	—	水性涂料	白色系/米色系	国产品牌
	地面	地坪漆	—	1.5、2.0、2.5	灰色系/绿色系	国产品牌
		地砖	600×600、800×800	10、12	米色系/白色系	国产品牌
	门	防火门	根据设计尺寸	60、80	白色系/灰色系	消防部门产品
		卷帘门	根据设计尺寸		白色系/灰色系	钢制

部位	类别	名称	规格尺寸（mm×mm）	厚度（mm）	色系	备注
GIS层、GIS室电缆层	栏杆	不锈钢	高度1050		灰色系/银白色系	国产品牌
	照明	节能灯	T5、T7			国产品牌
		三防灯	大小高棚灯、投光灯		黑色系/白色系	专业工业用灯

2.5.2 继保楼

继保楼装修材料指导标准材料见表2-11。

表 2-11   继保楼装修材料指导标准材料

部位	类别	名称	规格尺寸（mm×mm）	厚度（mm）	色系	备注
继保室、电缆层、工具间、气瓶间、门厅、过道、楼梯	顶棚	乳胶漆	—	水性涂料	白色系/米色系	国产品牌
	内墙	乳胶漆	—	水性涂料	白色系/米色系	国产品牌
	地面	地坪漆	—	1.5、2.0、2.5	灰色系/绿色系	国产品牌
		地砖	600×600、800×800	10、12	米色系/白色系	国产品牌
	门	防火门	根据设计尺寸	60、80	白色系/灰色系	消防部门产品
		卷帘门	根据设计尺寸		白色系/灰色系	钢制
	栏杆	不锈钢	根据设计尺寸		灰色系/银白色系	国产品牌
	照明	节能灯	T5、T7			国产品牌
		三防灯	大小高棚灯、投光灯		黑色系/白色系	专业工业用灯
蓄电池室	地面采用耐酸地砖，墙面采用耐酸墙砖，规格为600mm×600mm、800mm×800mm。其他部位材料同上。					

2.6 仓储

仓储各部位的装修材料设计，根据不同功能进行分类。主要有以下功能部位：封闭仓库、恒温恒湿库。

2.6.1 封闭仓库

封闭仓库及其他库房装修材料指导标准材料见表2-12。

表 2-12   封闭仓库及其他库房装修材料指导标准材料

部位	类别	名称	规格尺寸（mm×mm）	厚度（mm）	色系	备注
封闭仓库	顶棚	乳胶漆	—	水性涂料	白色系/米色系	国产品牌
	内墙	乳胶漆	—	水性涂料	白色系/米色系	国产品牌
	地面	地坪漆	—	1.5、2.0、2.5	灰色系/绿色系	国产品牌
	门	防火门	根据设计尺寸	60、80	白色系/灰色系	消防部门产品
		卷帘门	根据设计尺寸		白色系/灰色系	钢制
	照明	节能灯	T5、T7			国产品牌
		三防灯	大小高棚灯、投光灯		黑色系/白色系	专业工业用灯

2.6.2 恒温恒湿库

恒温恒湿库装修材料指导标准材料见表2-13。

表 2-13   恒温恒湿库装修材料指导标准材料

部位	类别	名称	规格尺寸（mm×mm）	厚度（mm）	色系	备注
办公室、库房	顶棚	乳胶漆	—	水性涂料	白色系/米色系	国产品牌
	内墙	乳胶漆	—	水性涂料	白色系/米色系	国产品牌
	地面	地坪漆	—	2.5、3.0	灰色系/绿色系	国产品牌
		地砖（办公室）	600×600	10	米色系/白色系	国产品牌
	门	防火门	根据设计尺寸	60、80	白色系/灰色系	消防部门产品
		卷帘门	根据设计尺寸		白色系/灰色系	钢制
	照明	节能灯	T5、T7			国产品牌
		三防灯	大小高棚灯、投光灯		黑色系/白色系	专业工业用灯

2.7 消防站

消防站各部位的装修材料设计，根据不同功能进行分类。主要有以下功能部位：消防车库、工具间、值班室、指挥室。

2.7.1 消防车库

消防车库装修材料指导标准材料见表2-14。

表 2-14 消防车库装修材料指导标准材料

部位	类别	名称	规格尺寸（mm×mm）	厚度（mm）	色系	备注
车库	顶棚	乳胶漆	—	水性涂料	白色系/米色系	国产品牌
		铝管	40×60、60×60、60×80	0.6、0.8、1.0、1.2	白色系/灰色系	U形铝条
		生态木	40×60、60×35、60×80、80×1000	12、15、18、20	木色系/米色系	饰面层选样
	内墙	乳胶漆	—	水性涂料	白色系/米色系	国产品牌
	地面	地坪漆	—	2.5、3.0	灰色系/绿色系	国产品牌
		地砖	600×600、800×800、1000×1000	10、12、15、18	米色系/灰色系	国产品牌
	门	木门	2100×1200、2100×1500、2100×900	60、80	木色系/米色系	国产品牌
		卷帘门	根据设计尺寸		白色系/灰色系	钢制
	照明	节能灯	T5、T7			国产品牌
		LED	根据设计尺寸			国产品牌

2.7.2 工具间

工具间装修材料指导标准材料见表 2-15。

表 2-15 工具间装修材料指导标准材料

部位	类别	名称	规格尺寸（mm×mm）	厚度（mm）	色系	备注
工具间	顶棚	乳胶漆	—	水性涂料	白色系/米色系	国产品牌
	内墙	乳胶漆	—	水性涂料	白色系/米色系	国产品牌
	地面	地坪漆	—	2.5、3.0	灰色系/绿色系	国产品牌
		地砖	800×800、1000×1000	18、20	米色系/灰色系	国产品牌
	门	木门	2100×900、2100×1000	60、80	木色系/米色系	国产品牌
	照明	节能灯	T5、T7			国产品牌
		LED	根据设计型号			国产品牌

2.7.3 值班室

值班室装修材料指导标准材料见表 2-16。

表 2-16 值班室装修材料指导标准材料

部位	类别	名称	规格尺寸（mm×mm）	厚度（mm）	色系	备注
值班室	顶棚	石膏板	2400×1200、3000×1200	9.5、12	白色系/米色系	纸面石膏板
		矿棉板	1200×600、600×600、300×600、300×300	9、12、15	白色系/灰色系	国产品牌
	内墙	乳胶漆	—	水性涂料	白色系/米色系	国产品牌
	地面	地砖	800×800、1000×1000	18、20	米色系/灰色系	国产品牌
	门	木门	2100×900、2100×1000	60、80	木色系/米色系	国产品牌
	照明	节能灯	T5、T7			国产品牌
		LED	根据设计型号			国产品牌

2.7.4 指挥室

指挥室装修材料指导标准材料见表 2-17。

表 2-17 指挥室装修材料指导标准材料

部位	类别	名称	规格尺寸（mm×mm）	厚度（mm）	色系	备注
指挥室	顶棚	石膏板	2400×1200、3000×1200	9.5、12	白色系/米色系	纸面石膏板
		矿棉板	1200×600、600×600	9、12、15	白色系/灰色系	国产品牌
	内墙	乳胶漆	—	水性涂料	白色系/米色系	国产品牌
		木质饰面板	2440×1220、2000×1220	1.2、1.5、1.8	选样	国产品牌
	地面	地砖	600×600、800×800	10、12	白色系/灰色系	国产品牌
	门	木门	2100×900、2100×1000	60、80	木色系/米色系	国产品牌
	照明	节能灯	T5、T7			国产品牌
		LED	根据设计型号			国产品牌

注 如有未注明房间，均按办公室设置。

2.8 辅助管理用房

辅助管理用房装修材料指导标准材料见表2-18。

表 2-18　　　　　辅助管理用房装修材料指导标准材料

部位	类别	名称	规格尺寸（mm×mm）	厚度（mm）	色系	备注
闸门启闭机室，配电房，上、下水库管理用房，水工监测数据采集用房	顶棚	石膏板（上、下水库管理用房）	2400×1200、3000×1200	9.5、12	白色系/米色系	纸面石膏板
		乳胶漆	—	水性涂料	白色系/米色系	国产品牌

续表

部位	类别	名称	规格尺寸（mm×mm）	厚度（mm）	色系	备注
闸门启闭机室，配电房，上、下水库管理用房，水工监测数据采集用房	内墙	乳胶漆	—	水性涂料	白色系/米色系	国产品牌
	地面	地砖	600×600、800×800	10、12	白色系/灰色系	国产品牌
		地坪漆	—	2.5、3.0	灰色系/绿色系	国产品牌
	门	木门	2100×900、2100×1000	60、80	木色系/米色系	国产品牌
	照明	节能灯	T5、T7			国产品牌
		LED	根据设计型号			国产品牌

第3章　办　公　区

3.1　设计依据

装修材料设计必须依据现有国家规范，行业标准，以及国网新源公司内部标准及文件。但不限于下述内容。

GBJ 116—1998 火灾自动报警系统设计规范

GB 6566—2010 建筑材料放射性核素限量

GB 18580—2017 室内装饰装修材料人造板及其制品中甲醛释放限量

GB 18581—2009 室内装饰装修材料溶剂型木器涂料中有害物质限量

GB 18582—2008 室内装饰装修材料内墙涂料中有害物质限量

GB 18583—2008 室内装饰装修材料胶粘剂中有害物质限量

GB 50016—2014 建筑设计防火规范

GB 50084—2017 自动喷水灭火系统设计规范

GB 50140—2005 建筑灭火器配置设计规范

GB 50189—2015 公共建筑节能设计标准

GB 50222—2017 建筑内部装修设计防火规范

GB 50325—2010 民用建筑工程室内环境污染控制规范

GB 50352—2019 民用建筑设计统一标准

GB 50354—2005 建筑内部装修防火施工及验收规范

GB 50974—2014 消防给水及消火栓系统技术规范

DL/T 5113.1—2019 水电水利基本建设工程单元工程质量等级评定标准第1部分：土建工程

JGJ/T 67—2019 办公建筑设计规范

DGJ 08-94—2001 民用建筑水灭火系统设计规程

建筑装修装饰工程施工质量验收标准规范及强制性条文（2006年版）

3.2　选材范围及要求

1. 选材范围

办公楼、中控楼主要用材包括石材、地砖、复合地板、墙布、PU、铝材、板材、环氧地坪漆、装修性面材、涂料等。

2. 选材要求

选择绿色环保材料，重视环保和防火要求，根据设计规范要求选择相应防火等级材料。同时选材应经济实用、施工便捷、安全可靠。避免使用劣质、低等材料，防止为装修留下隐患。可根据装修材料的特性及参数规格，进行优化合理用材，同时对装修材料设计进行标准化和规范化。

办公楼、中控楼一层地面、墙面选择防潮材料，地面材料选择以地砖或石材为主、复合地板为辅。有防潮要求的墙面应选用不易吸潮、不结露材料。过道、卫生吊顶宜采用可拆装材料，便于维修。如设有中央空调，设冷凝水处理。照明灯具选择节能或LED产品。

3.3　材料应用

　　材料应用需根据材料的类型、特性、参数、规格及使用部位进行合理设计。在选材中应注重施工工艺及使用地域环境，在具体的工程应用中，需综合考虑各方面的环境因素，应与现有国家标准、行业标准相关内容配套使用。使用时对不同的抽水蓄能电站所在的地理位置，可就地取材。

3.4　办公楼

　　办公楼各部位的装修材料设计，根据不同功能进行分类。主要有以下功能部位：大厅、电梯厅、过道、会议室、培训室、档案室、财务室、办公室、卫生间、楼梯间、茶水间。

3.4.1　大厅

　　大厅装修材料指导标准材料见表 3-1。

表 3-1　　　　　　　　　大厅装修材料指导标准材料

部位	类别	名称	规格尺寸（mm×mm）	厚度（mm）	色系	备注
大厅	顶棚	石膏板	2400×1200、3000×1200	9.5、12	白色系/米色系	纸面石膏板
		软膜	1.5m	1.8	白色系/米色系	白色
		铝板	600×1200、600×600	0.8、1.0、1.2、1.5	白色系/灰色系	铝单板、铝锰板
		生态木	40×60、60×35、60×80、80×1000	12、15、18、20	木色系/米色系	饰面层选样
	内墙	陶瓷薄板	1200×600、600×900	5、6	白色系/灰色系	国产品牌
		大理石	尺寸可定制	20、25	米色系/灰色系	国产品牌
	地面	大理石	尺寸可定制	20、25	白色系/灰色系	国产品牌
		地砖	800×800、1000×1000	18、20	白色系/灰色系	国产品牌
	门	木门	2100×1200、2100×1500、2100×900	60、80	木色系/米色系	国产品牌
		电动门（大门）	尺寸可定制		清玻	安全玻璃平开形式

续表

部位	类别	名称	规格尺寸（mm×mm）	厚度（mm）	色系	备注
大厅	门	防火门	2100×1200、2100×1500、2100×900	60、80	白色系/灰色系	消防部门产品
	栏杆	玻璃	根据设计尺寸	20.76	清玻	夹胶玻璃
		不锈钢	高度1050		灰色系/钛金灰色系	碳钢铝镁拉丝不锈钢实木扶手
	照明	节能灯	T5、T7			国产品牌
		LED	根据设计型号			国产品牌

3.4.2　过道

　　过道装修材料指导标准材料见表 3-2。

表 3-2　　　　　　　　　过道装修材料指导标准材料

部位	类别	名称	规格尺寸（mm×mm）	厚度（mm）	色系	备注
过道	顶棚	石膏板	2400×1200、3000×1200	9.5、12	白色系/米色系	纸面石膏板
		矿棉板	1200×600、600×600、300×600、300×300	9、12、15	白色系/灰色系	国产品牌
		铝板	300×1200、600×600、600×900	0.8、1.0、1.2、1.5	白色系/灰色系	铝单板、铝锰板
		铝管	40×60、60×60、60×80	0.6、0.8、1.0、1.2	白色系/灰色系	U形铝条
		生态木	40×60、60×35、60×80、80×1000	12、15、18、20	木色系/米色系	饰面层选样
	内墙	乳胶漆	—		水性涂料	白色系/米色系	国产品牌
		机理乳胶漆	—		水性涂料	白色系/米色系	国产品牌
	地面	大理石（门槛）	—	20、25	米色系/灰色系	国产品牌
		地砖	800×800、1000×1000	15、18、20	米色系/灰色系	国产品牌

部位	类别	名称	规格尺寸（mm×mm）	厚度（mm）	色系	备注
过道	门	木门	2100×1200、2100×1500、2100×900	60、80	木色系/米色系	国产品牌
		防火门	2100×1200、2100×1500、2100×900	60、80	白色系/灰色系	国产品牌
	栏杆	玻璃	根据设计尺寸	20.76	清玻	夹胶玻璃
		不锈钢	高度1050		灰色系/钛金灰色系	碳钢铝镁拉丝不锈钢实木扶手 国产品牌
	照明	节能灯	T5、T7			国产品牌
		LED	根据设计型号			国产品牌

3.4.3 接待室

接待室装修材料指导标准材料见表3-3。

表3-3   接待室装修材料指导标准材料

部位	类别	名称	规格尺寸（mm×mm）	厚度（mm）	色系	备注
接待室	顶棚	石膏板	2400×1200、3000×1200	9.5、12	白色系/米色系	纸面石膏板
	内墙	乳胶漆、机理乳胶漆	—	水性涂料	白色系/米色系	国产品牌
		墙布	900mm×20m、820mm×50m、2700mm×50m		选样	国产品牌
	地面	实木复合地板	尺寸可定制	15、18	选样	国产品牌
		地砖	800×800、600×600	10、12、15	白色系/米色系	国产品牌
	门	木门	2100×900	60	木色系/米色系	国产品牌
	照明	节能灯	T5、T7			国产品牌
		LED	根据设计型号			国产品牌

3.4.4 会议室

会议室装修材料指导标准材料见表3-4。

表3-4   会议室装修材料指导标准材料

部位	类别	名称	规格尺寸（mm×mm）	厚度（mm）	色系	备注
会议室	顶棚	石膏板	2400×1200、3000×1200	9.5、12	白色系/米色系	纸面石膏板
		矿棉板	1200×600、600×600、300×600、300×300	9、12、15	白色系/灰色系	国产品牌
		铝板	300×1200、600×600、600×900	0.8、1.0、1.2	白色系/灰色系	铝单板、铝锰板
		铝管	40×60、60×60、60×80	0.6、0.8、1.0、1.2	白色系/灰色系	U形铝条
		生态木	40×60、60×35、60×80、80×1000	12、15、18、20	木色系/米色系	饰面层选样
	内墙	乳胶漆	—	水性涂料	白色系/米色系	国产品牌
		机理乳胶漆	—	水性涂料	白色系/米色系	国产品牌
		墙布	900mm×20m、820mm×50m、2700mm×50m		选样	国产品牌
		木质饰面板	2440×1220、2000×1220	1.2、1.5、1.8	选样	国产品牌
	地面	大理石（门槛）	—	20、25	咖色系/黑色系	国产品牌
		地砖	800×800、1000×1000	15、18、20	白色系/米色系	国产品牌
		PVC	1500、2000	2.0	灰色系/米色系	国产品牌
		实木复合地板	尺寸可定制	15、18	选样	国产品牌
	门	木门	2100×1200、2100×1500、2100×900	60、80	木色系/米色系	国产品牌
		防火门	2100×1200、2100×1500、2100×900	60、80	灰色系/白色系	国产品牌
	照明	节能灯	T5、T7			国产品牌
		LED	根据设计型号			国产品牌

3.4.5 档案室

档案室装修材料指导标准材料见表 3-5。

表 3-5　　　　　　档案室装修材料指导标准材料

部位	类别	名称	规格尺寸 (mm×mm)	厚度 (mm)	色系	备注
档案室	顶棚	石膏板	2400×1200、3000×1200	9.5、12	白色系/米色系	纸面石膏板
		矿棉板	1200×600、600×600、300×600、300×300	9、12、15	白色系/灰色系	国产品牌
	内墙	乳胶漆	—	水性涂料	白色系/米色系	国产品牌
		地砖	800×800、1000×1000	18、20	白色系/米色系	国产品牌
		地坪漆	—	1.5	灰色系/米色系	国产品牌
		防火门	2100×1200、2100×1500、2100×900	60、80	白色系/灰色系	国产品牌
	照明	节能灯	T5、T7			国产品牌
		LED	根据设计型号			国产品牌

3.4.6 财务室

财务室装修材料指导标准材料见表 3-6。

表 3-6　　　　　　财务室装修材料指导标准材料

部位	类别	名称	规格尺寸 (mm×mm)	厚度 (mm)	色系	备注
财务室	顶棚	石膏板	2400×1200、3000×1200	9.5、12	白色系/米色系	纸面石膏板
		矿棉板	1200×600、600×600	9、12、15	白色系/灰色系	国产品牌
		铝板	300×1200、600×600、600×900	0.8、1.0、1.2、1.5	白色系/灰色系	铝单板、铝锰板
	内墙	乳胶漆	—	水性涂料	白色系/米色系	国产品牌
		机理乳胶漆	—	水性涂料	白色系/米色系	国产品牌

续表

部位	类别	名称	规格尺寸 (mm×mm)	厚度 (mm)	色系	备注
财务室	地面	大理石（门槛）	—	20、25	咖色系/黑色系	国产品牌
		地砖	800×800、1000×1000	15、18、20	白色系/米色系	国产品牌
		PVC	1500、2000	2.0	灰色系/米色系	国产品牌
		实木复合地板	尺寸可定制	15、18	选样	国产品牌
	门	木门	2100×1200、2100×1500、2100×900	60、80	木色系/米色系	国产品牌
		防盗门	2100×1200、2100×1500、2100×900	60、80	选样	钢制
	照明	节能灯	T5、T7			国产品牌
		LED	根据设计型号			国产品牌

3.4.7 办公室

办公室装修材料指导标准材料见表 3-7。

表 3-7　　　　　　办公室装修材料指导标准材料

部位	类别	名称	规格尺寸 (mm×mm)	厚度 (mm)	色系	备注
办公室	顶棚	石膏板	2400×1200、3000×1200	9.5、12	白色系/米色系	纸面石膏板
		矿棉板	1200×600、600×600	9、12、15	白色系/灰色系	国产品牌
	内墙	乳胶漆	—	水性涂料	白色系/米色系	国产品牌
		机理乳胶漆	—	水性涂料	白色系/米色系	国产品牌
		墙布	900mm×20m、820mm×50m、2700mm×50m		选样	国产品牌
		木饰面板	2440×1220、2000×1220	1.2、1.5、1.8	选样	国产品牌

部位	类别	名称	规格尺寸（mm×mm）	厚度（mm）	色系	备注
办公室	地面	大理石（门槛）	—	20、25	咖色系/黑色系	国产品牌
		地砖	800×800、1000×1000	15、18、20	白色系/米色系	国产品牌
		PVC	1500、2000	2.0	灰色系/米色系	国产品牌
		实木复合地板	尺寸可定制	15、18	选样	国产品牌
	门	木门	2100×1200、2100×1500、2100×900	60、80	木色系/米色系	国产品牌
		防火门	2100×1200、2100×1500、2100×900	60、80	白色系/灰色系	国产品牌
		防盗门	2100×1200、2100×1500、2100×900	60、80	选样	钢制
	照明	节能灯	T5、T7			国产品牌
		LED	根据设计型号			国产品牌

3.4.8 卫生间

卫生间装修材料指导标准材料见表3-8。

表3-8　　　　卫生间装修材料指导标准材料

部位	类别	名称	规格尺寸（mm×mm）	厚度（mm）	色系	备注
卫生间	顶棚	石膏板	2400×1200、3000×1200	9.5、12	白色系/米色系	纸面石膏板
		集成铝扣板	600×600、300×600、300×300	0.6、0.8、1.0、1.2	白色系/灰色系	铝单板、铝锰板
	内墙	面砖	300×600、600×600	10、12	选样	国产品牌
	地面	大理石（门槛）	—	20、25	咖色系/黑色系	国产品牌
		防滑地砖	600×600、300×600、300×300	10、12	白色系/米色系	国产品牌

部位	类别	名称	规格尺寸（mm×mm）	厚度（mm）	色系	备注
卫生间	门	木门	2100×900、2100×800	50、60	木色系/米色系	国产品牌
	照明	节能灯	T5、T7			国产品牌
		LED	根据设计型号			国产品牌

3.4.9 楼梯间

楼梯间装修材料指导标准材料见表3-9。

表3-9　　　　楼梯间装修材料指导标准材料

部位	类别	名称	规格尺寸（mm×mm）	厚度（mm）	色系	备注
楼梯间	顶棚	乳胶漆	—	水性涂料	白色系/灰色系	国产品牌
	内墙	乳胶漆	—	水性涂料	白色系/米色系	国产品牌
	地面	大理石（门槛）	—	20、25	咖色系/黑色系	国产品牌
		地砖	800×800、1000×1000	15、18、20	白色系/米色系	国产品牌
	门	木门	2100×1200、2100×1500、2100×900	60、80	木色系/米色系	国产品牌
		防火门	2100×1200、2100×1500、2100×900	60、80	白色系/灰色系	国产品牌
	照明	节能灯	T5、T7			国产品牌
		LED	根据设计型号			国产品牌

3.5 中控楼

办公楼各部位的装修材料设计，根据不同功能进行分类。主要有以下功能部位：大厅、电梯厅、中控室、计算机室、参观休息厅、设备室。

3.5.1 大厅

大厅装修材料指导标准材料见表3-10。

表 3-10 大厅装修材料指导标准材料

部位	类别	名称	规格尺寸（mm×mm）	厚度（mm）	色系	备注
大厅	顶棚	石膏板	2400×1200、3000×1200	9.5、12	白色系/米色系	纸面石膏板
		软膜	1.5m	1.8	白色系/米色系	白色
		铝板	600×1200、600×600	0.8、1.0、1.2	白色系/灰色系	铝单板、铝锰板
		生态木	40×60、60×35、60×80、80×1000	12、15、18、20	木色系/米色系	饰面层选样
	内墙	陶瓷薄板	1200×600、600×900	5、6	白色系/灰色系	国产品牌
		大理石	尺寸可定制	20、25	米色系/灰色系	国产品牌
	地面	大理石	尺寸可定制	20、25	白色系/灰色系	国产品牌
		地砖	800×800、1000×1000	18、20	白色系/灰色系	国产品牌
	门	木门	2100×1200、2100×1500、2100×900	60、80	木色系/米色系	国产品牌
		电动门（大门）	尺寸可定制		清玻	安全玻璃平开形式
		防火门	2100×1200、2100×1500、2100×900	60、80	白色系/灰色系	国产品牌
	栏杆	玻璃	根据设计尺寸	20.76	清玻	夹胶玻璃
		不锈钢	高度1050		灰色系/钛金灰色系	碳钢铝镁拉丝不锈钢实木扶手
	照明	节能灯	T5、T7			国产品牌
		LED	根据设计型号			国产品牌

3.5.2 电梯厅

电梯厅装修材料指导标准材料见表3-11。

表 3-11 电梯厅装修材料指导标准材料

续表

部位	类别	名称	规格尺寸（mm×mm）	厚度（mm）	色系	备注
电梯厅	顶棚	石膏板	2400×1200、3000×1200	9.5、12	白色系/米色系	纸面石膏板
		软膜	1.5m	1.8	白色系/米色系	白色
		铝板	600×1200、600×600	6、8、10、12	白色系/灰色系	铝单板、铝锰板
		生态木	40×60、60×35、60×80、80×1000	12、15、18、20	木色系/米色系	饰面层选样
	内墙	陶瓷薄板	1200×600、600×900		白色系/灰色系	国产品牌
		大理石	尺寸可定制	20、25	米色系/灰色系	国产品牌
	地面	大理石	尺寸可定制	20、25	白色系/灰色系	国产品牌
		地砖	800×800、1000×1000	18、20	白色系/灰色系	国产品牌
	门	木门	2100×1200、2100×1500、2100×900	60、80	木色系/米色系	国产品牌
		防火门	2100×1200、2100×1500、2100×900	60、80	白色系/灰色系	国产品牌
	栏杆	玻璃	根据设计尺寸	20.76	清玻	夹胶玻璃
		不锈钢	根据设计尺寸		灰色系/钛金灰色系	碳钢铝镁拉丝不锈钢实木扶手
	照明	节能灯	T5			国产品牌
		LED	根据设计尺寸			国产品牌

3.5.3 中控室

中控室装修材料指导标准材料见表3-12。

表 3-12 中控室装修材料指导标准材料

部位	类别	名称	规格尺寸（mm×mm）	厚度（mm）	色系	备注
中控室	顶棚	石膏板	2400×1200、3000×1200	9.5、12	白色系/米色系	纸面石膏板
		软膜	1.5m	1.8	白色系/米色系	白色
		铝板	600×1200、600×600	6、8、10、12	白色系/灰色系	铝单板、铝锰板
	内墙	乳胶漆	根据设计尺寸	水性涂料	白色系/米色系	国产品牌
	地面	防静电地板	600×600、800×800		白色系/灰色系	国产品牌

部位	类别	名称	规格尺寸（mm×mm）	厚度（mm）	色系	备注
中控室	门	防火门	2100×1200、2100×1500、2100×900	60、80	白色系/灰色系	国产品牌
	照明	节能灯	T5			国产品牌
		LED	根据设计尺寸			国产品牌

3.5.4 计算机室

计算机室装修材料指导标准材料见表3-13。

表3-13　　　　　　　　　计算机室装修材料指导标准材料

部位	类别	名称	规格尺寸（mm×mm）	厚度（mm）	色系	备注
计算机室	顶棚	石膏板	2400×1200、3000×1200	9.5、12	白色系/米色系	纸面石膏板
		铝板	600×1200、600×600	6、8、10、12	白色系/灰色系	铝单板、铝锰板
	内墙	乳胶漆	根据设计尺寸	水性涂料	白色系/米色系	国产品牌
	地面	防静电地板	600×600、800×800		白色系/灰色系	国产品牌
	门	木门	2100×1200、2100×1500、2100×900	60、80	木色系/米色系	国产品牌
	照明	节能灯	T5			国产品牌
		LED	根据设计尺寸			国产品牌

3.5.5 参观休息厅

参观休息厅装修材料指导标准材料见表3-14。

表3-14　　　　　　　　　参观休息厅装修材料指导标准材料

部位	类别	名称	规格尺寸（mm×mm）	厚度（mm）	色系	备注
参观休息厅	顶棚	石膏板	2400×1200、3000×1200	9.5、12	白色系/米色系	纸面石膏板
		软膜	1.5m	1.8	白色系/米色系	白色
		生态木	40×60、60×35、60×80、80×1000	12、15、18、20	木色系/米色系	饰面层选样
	内墙	乳胶漆	根据设计尺寸	水性涂料	白色系/米色系	国产品牌
		机理乳胶漆	根据设计尺寸	水性涂料	白色系/米色系	国产品牌

部位	类别	名称	规格尺寸（mm×mm）	厚度（mm）	色系	备注
参观休息厅	内墙	墙布	900mm×20m、820mm×50m、2700mm×50m		选样	国产品牌
		木饰面板	2440×1220、2000×1220	1.2、1.5、1.8	选样	国产品牌
	地面	实木复合地板	尺寸可定制	15、18	选样	国产品牌
		地砖	800×800、600×600	10、12、15	白色系/米色系	国产品牌
	门	木门	2100×1200、2100×1500、2100×900	60、80	木色系/米色系	国产品牌
	照明	节能灯	T5、T7			国产品牌
		LED	根据设计尺寸			国产品牌

3.5.6 设备室

设备室装修材料指导标准材料见表3-15。

表3-15　　　　　　　　　设备室装修材料指导标准材料

部位	类别	名称	规格尺寸（mm×mm）	厚度（mm）	色系	备注
设备室	顶棚	乳胶漆	根据设计尺寸	水性涂料	白色系/灰色系	国产品牌
		铝板	600×1200、600×600	6、8、10、12	白色系/灰色系	铝单板、铝锰板
	内墙	乳胶漆	根据设计尺寸	水性涂料	白色系/米色系	国产品牌
	地面	大理石（门槛）	尺寸可定制	20、25	咖色系/黑色系	国产品牌
		地砖	800×800、1000×1000	18、20	白色系/米色系	国产品牌
		防静电地板	600×600、800×800		白色系/灰色系	
	门	木门	2100×1200、2100×1500、2100×900	60、80	木色系/米色系	国产品牌
		防火门	2100×1200、2100×1500、2100×900	60、80	白色系/灰色系	国产品牌
	照明	节能灯	T5			国产品牌
		LED	根据设计尺寸			国产品牌

4.1　设计依据

装修材料设计必须依据现有国家规范、行业标准，以及国网新源公司内部标准及文件。但不限于下述内容。

GBJ 116—1998 火灾自动报警系统设计规范

GB 6566—2010 室内装修装修材料建筑材料放射性核素限量

GB 18580—2017 室内装修装修材料人造板及其制品中甲醛释放限量

GB 18581—2019 室内装修装修材料溶剂型木器涂料中有害物质限量

GB 18582—2008 室内装修装修材料内墙涂料中有害物质限量

GB 18583—2008 室内装修装修材料胶粘剂中有害物质限量

GB 50016—2014 建筑设计防火规范

GB 50084—2017 自动喷水灭火系统设计规范

GB 50140—2005 建筑灭火器配置设计规范

GB 50189—2015 公共建筑节能设计标准

GB 50222—2017 建筑内部装修设计防火规范

GB 50325—2010 民用建筑工程室内环境污染控制规范

GB 50352—2019 民用建筑设计统一标准

GB 50354—2005 建筑内部装修防火施工及验收规范

GB 50974—2014 消防给水及消火栓系统技术规范

DL/T 5113.1—2019 水电水利基本建设工程单元工程质量等级评定标准第 1 部分：土建工程

JGJ/T 67—2019 办公建筑设计规范

DGJ 08-94—2001 民用建筑水灭火系统设计规程

建筑装修装饰工程施工质量验收标准规范及强制性条文（2006 年版）

4.2　选材范围及要求

1. 选材范围

食堂、公寓、接待中心、文体中心、门卫主要用材包括石材、地砖、复合地板、墙布、PU、铝材、板材、环氧地坪漆、装修性面材、涂料等。

2. 选材要求

选择绿色环保材料，重视环保和防火要求，根据设计规范要求选择相应防火等级材料。同时选材应经济实用、施工便捷、安全可靠。避免使用劣质、低等材料，防止为装修留下隐患。可根据装修材料的特性及参数规格，进行优化合理用材，同时对装修材料设计进行标准化和规范化。

一层地面、墙面选择防潮材料，地面材料选择以地砖或石材为主、复合地板为辅。有防潮要求的墙面应选用不易吸潮、不结露材料。过道、卫生吊顶宜采用可拆装材料，便于维修。如设有中央空调，设冷凝水处理。照明灯具选择节能或 LED 产品。

4.3　材料应用

材料应用需根据材料的类型、特性、参数、规格及使用部位进行合理设计。在选材中应注重施工工艺及使用地域环境，在具体的工程应用中，需综合考虑各方面的环境因素，应与现有国家标准、行业标准相关内容配套使用。使用时各抽水蓄能电站可就地取材。

4.4　食堂

食堂各部位的装修材料设计，根据不同功能进行分类。主要有以下功能部位包括大厅、餐厅、包厢、多功能厅、厨房、更衣室。

4.4.1　大厅

大厅装修材料指导标准材料见表 4-1。

表 4-1　　　　　　　　　大厅装修材料指导标准材料

部位	类别	名称	规格尺寸（mm×mm）	厚度（mm）	色系	备注
大厅	顶棚	石膏板	2400×1200、3000×1200	9.5、12	白色系/米色系	纸面石膏板
		软膜	1.5m	1.8	白色系/米色系	白色

部位	类别	名称	规格尺寸（mm×mm）	厚度（mm）	色系	备注
大厅	顶棚	铝板	600×1200、600×600	0.8、1.0、1.2、1.5	白色系/灰色系	铝单板、铝锰板
		生态木	40×60、60×35、60×80、80×1000	12、15、18、20	木色系/米色系	饰面层选样
	内墙	陶瓷薄板	1200×600、600×900	5、6	白色系/灰色系	国产品牌
		大理石	尺寸可定制	20、25	米色系/灰色系	国产品牌
	地面	大理石	尺寸可定制	20、25	白色系/灰色系	国产品牌
		地砖	800×800、1000×1000	15、18、20	白色系/灰色系	国产品牌
	门	木门	2100×1200、2100×1500、2100×900	60、80	木色系/米色系	国产品牌
		电动门（大门）	尺寸可定制		清玻	安全玻璃 平开形式
		防火门	2100×1200、2100×1500、2100×900	60、80	白色系/灰色系	国产品牌
	栏杆	玻璃	根据设计尺寸	20.76	清玻	夹胶玻璃
		不锈钢	高度1050		灰色系/钛金灰色系	碳钢铝镁拉丝 不锈钢实木扶手
	照明	节能灯	T5、T7			国产品牌
		LED	根据设计型号			国产品牌

4.4.2 餐厅

餐厅装修材料指导标准材料见表4-2。

表4-2　　　　　　　　餐厅装修材料指导标准材料

部位	类别	名称	规格尺寸（mm×mm）	厚度（mm）	色系	备注
餐厅	顶棚	石膏板	2400×1200、3000×1200	9.5、12	白色系/米色系	纸面石膏板
		软膜	1.5m	1.8	白色系/米色系	白色
		铝板	600×1200、600×600	0.8、1.0、1.2、1.5	白色系/灰色系	铝单板、铝锰板

部位	类别	名称	规格尺寸（mm×mm）	厚度（mm）	色系	备注
餐厅	顶棚	生态木	40×60、60×35、60×80、80×1000	12、15、18、20	木色系/米色系	饰面层选样
	内墙	陶瓷薄板	1200×600、600×900	5、6	白色系/灰色系	国产品牌
		大理石	尺寸可定制	20、25	米色系/灰色系	国产品牌
	地面	大理石	尺寸可定制	20、25	白色系/灰色系	国产品牌
		地砖	800×800、1000×1000	15、18、20	白色系/灰色系	国产品牌
	门	木门	2100×1200、2100×1500、2100×900	60、80	木色系/米色系	国产品牌
		防火门	2100×1200、2100×1500、2100×900	60、80	白色系/灰色系	国产品牌
	栏杆	玻璃	根据设计尺寸	20.76	清玻	夹胶玻璃
		不锈钢	高度1050		灰色系/钛金灰色系	碳钢铝镁拉丝 不锈钢实木扶手
	照明	节能灯	T5、T7			国产品牌
		LED	根据设计型号			国产品牌

4.4.3 包厢

包厢装修材料指导标准材料见表4-3。

表4-3　　　　　　　　包厢装修材料指导标准材料

部位	类别	名称	规格尺寸（mm×mm）	厚度（mm）	色系	备注
包厢	顶棚	石膏板	2400×1200、3000×1200	9.5、12	白色系/米色系	纸面石膏板
		软膜	1.5m	1.8	白色系/米色系	白色
		生态木	40×60、60×35、60×80、80×1000	12、15、18、20	木色系/米色系	饰面层选样
	内墙	乳胶漆	—		白色系/米色系	国产品牌
		机理乳胶漆	—		白色系/米色系	国产品牌

部位	类别	名称	规格尺寸 (mm×mm)	厚度 (mm)	色系	备注
包厢	内墙	墙布	900mm×20m、820mm×50m、2700mm×50m		选样	国产品牌
		木饰面板	2440×1220、2000×1220	1.2、1.5、1.8	选样	国产品牌
	地面	实木复合地板	尺寸可定制	15、18	选样	国产品牌
		地砖	800×800、600×600	10、12、15	白色系/米色系	国产品牌
	门	木门	2100×1200、2100×1500、2100×900	60、80	木色系/米色系	国产品牌
	照明	节能灯	T5、T7			国产品牌
		LED	根据设计型号			国产品牌

4.4.4　多功能厅

多功能厅装修材料指导标准材料见表4-4。

表4-4　　　　　　　多功能厅装修材料指导标准材料

部位	类别	名称	规格尺寸 (mm×mm)	厚度 (mm)	色系	备注
多功能厅	顶棚	石膏板	2400×1200、3000×1200	9.5、12	白色系/米色系	纸面石膏板
		软膜	1.5m	1.8	白色系/米色系	白色
		铝板	300×1200、600×600、600×900	0.8、1.0、1.2、1.5	白色系/灰色系	铝单板、铝锰板
		铝管	40×60、60×60、60×80	0.6、0.8、1.0、1.2	白色系/灰色系	U型铝条
		生态木	40×60、60×35、60×80、80×1000	12、15、18、20	木色系/米色系	饰面层选样
	内墙	乳胶漆	—	水性涂料	白色系/米色系	国产品牌
		机理乳胶漆	—	水性涂料	白色系/米色系	国产品牌

部位	类别	名称	规格尺寸 (mm×mm)	厚度 (mm)	色系	备注
多功能厅	内墙	墙布	530mm×17m、920mm×50m、900mm×20m、820mm×50m、2700mm×50m		选样	国产品牌
		木质饰面板	2440×1220、2000×1220	1.2、1.5、1.8	选样	国产品牌
	地面	大理石（门槛）	—	20、25	咖色系/黑色系	国产品牌
		地砖	800×800、1000×1000	15、18、20	白色系/米色系	国产品牌
		PVC	1500、2000	2.0	灰色系/米色系	国产品牌
		地毯		2.0		国产品牌
	门	木门	2100×1200、2100×1500、2100×900	60、80	木色系/米色系	国产品牌
		防火门	2100×1200、2100×1500、2100×900	60、80	会色系/白色系	国产品牌
	照明	节能灯	T5、T7			国产品牌
		LED	根据设计型号			国产品牌

4.4.5　厨房

厨房装修材料指导标准材料见表4-5。

表4-5　　　　　　　厨房装修材料指导标准材料

部位	类别	名称	规格尺寸 (mm×mm)	厚度 (mm)	色系	备注
厨房	顶棚	乳胶漆	—	水性涂料	白色系/米色系	国产品牌
		集成铝扣板	600×600、300×600、300×300	0.6、0.8、1.0、1.2	白色系/灰色系	铝单板、铝锰板
	内墙	面砖	300×600、600×600	10、12、15	选样	国产品牌
	地面	大理石（门槛）	—	20、25	咖色系/黑色系	国产品牌

部位	类别	名称	规格尺寸（mm×mm）	厚度（mm）	色系	备注
厨房	地面	防滑地砖	600×600、300×600、300×300	10.12	白色系/米色系	国产品牌
	门	防火门	2100×1200、2100×1500、2100×900	60、80	会色系/白色系	国产品牌
	照明	节能灯	T5、T7			国产品牌
		LED	根据设计型号			国产品牌

4.4.6 更衣室

更衣室装修材料指导标准材料见表4-6。

表4-6　　　　更衣室装修材料指导标准材料

部位	类别	名称	规格尺寸（mm×mm）	厚度（mm）	色系	备注
更衣室	顶棚	石膏板	2400×1200、3000×1200	9.5、12	白色系/米色系	纸面石膏板
		集成铝扣板	600×600、300×600、300×300	0.6、0.8、1.0、1.2	白色系/灰色系	铝单板、铝锰板
	内墙	面砖	300×600、600×600	10、12、15	选样	国产品牌
	地面	大理石（门槛）	—	20、25	咖色系/黑色系	国产品牌
		防滑地砖	600×600、300×600、300×300	10.12	白色系/米色系	国产品牌
	门	木门	2100×1200、2100×1500、2100×900	60、80	木色系/米色系	国产品牌
	照明	节能灯	T5、T7			国产品牌
		LED	根据设计型号			国产品牌

4.5 公寓

公寓各部位的装修材料设计，根据不同功能进行分类。主要有以下功能部位：过厅、过道、客厅、卧室、厨房、卫生间。

4.5.1 过厅

过厅装修材料指导标准材料见表4-7。

表4-7　　　　过厅装修材料指导标准材料

部位	类别	名称	规格尺寸（mm×mm）	厚度（mm）	色系	备注
过厅	顶棚	石膏板	2400×1200、3000×1200	9.5、12	白色系/米色系	纸面石膏板
		软膜	1.5m	1.8	白色系/米色系	白色
		铝板	600×1200、600×600	0.8、1.0、1.2、1.5	白色系/灰色系	铝单板、铝锰板
	内墙	陶瓷薄板	1200×600、600×900	5、6	白色系/灰色系	国产品牌
		大理石	尺寸可定制	20、25	米色系/灰色系	国产品牌
	地面	大理石	尺寸可定制	20、25	白色系/灰色系	国产品牌
		地砖	800×800、1000×1000	15、18、20	白色系/灰色系	国产品牌
	门	木门	2100×1200、2100×1500、2100×900	60、80	木色系/米色系	国产品牌
		电动门（大门）	尺寸可定制	清玻		安全玻璃平开形式
		防火门	2100×1200、2100×1500、2100×900	60、80	白色系/灰色系	国产品牌
	照明	节能灯	T5、T7			国产品牌
		LED	根据设计尺寸			国产品牌

4.5.2 过道

过道装修材料指导标准材料见表4-8。

表4-8　　　　过道装修材料指导标准材料

部位	类别	名称	规格尺寸（mm×mm）	厚度（mm）	色系	备注
过道	顶棚	石膏板	2400×1200、3000×1200	9.5、12	白色系/米色系	纸面石膏板
		铝板	300×1200、600×600、600×900	0.8、1.0、1.2、1.5	白色系/灰色系	铝单板、铝锰板

部位	类别	名称	规格尺寸 (mm×mm)	厚度 (mm)	色系	备注
过道	内墙	乳胶漆	—	水性涂料	白色系/米色系	国产品牌
		陶瓷薄板	1200×600、600×900	5、6	白色系/灰色系	国产品牌
	地面	大理石（门槛）	—	20、25	米色系/灰色系	国产品牌
		地砖	800×800、1000×1000	15、18、20	米色系/灰色系	国产品牌
	门	木门	2100×1200、2100×1500、2100×900	60、80	木色系/米色系	国产品牌
		防火门	2100×1200、2100×1500、2100×900	60、80	白色系/灰色系	国产品牌
	照明	节能灯	T5、T7			国产品牌
		LED	根据设计型号			国产品牌

4.5.3 客厅

客厅装修材料指导标准材料见表4-9。

表4-9　　　　　客厅装修材料指导标准材料

部位	类别	名称	规格尺寸 (mm×mm)	厚度 (mm)	色系	备注
客厅	顶棚	石膏板	2400×1200、3000×1200	9.5、12	白色系/米色系	纸面石膏板
	内墙	乳胶漆	—	水性涂料	白色系/米色系	国产品牌
		墙布	900mm×20m、820mm×50m、2700mm×50m		选样	国产品牌
		木饰面板	2440×1220、2000×1220	1.2、1.5、1.8	选样	国产品牌
	地面	大理石（门槛）	尺寸可定制	20、25	米色系/灰色系	国产品牌
		地砖	800×800、1000×1000	15、18、20	米色系/灰色系	国产品牌

部位	类别	名称	规格尺寸 (mm×mm)	厚度 (mm)	色系	备注
客厅	地面	实木复合地板	尺寸可定制	15、18	选样	国产品牌
	门	木门	2100×1200、2100×1500、2100×900	60、80	木色系/米色系	国产品牌
	照明	节能灯	T5、T7			国产品牌
		LED	根据设计型号			国产品牌

4.5.4 卧室

卧室装修材料指导标准材料见表4-10。

表4-10　　　　　卧室装修材料指导标准材料

部位	类别	名称	规格尺寸 (mm×mm)	厚度 (mm)	色系	备注
卧室	顶棚	石膏板	2400×1200、3000×1200	9.5、12	白色系/米色系	纸面石膏板
	内墙	乳胶漆	—	水性涂料	白色系/米色系	国产品牌
		墙布	900mm×20m、820mm×50m、2700mm×50m		选样	国产品牌
	地面	大理石（门槛）	—	20、25	米色系/灰色系	国产品牌
		地砖	800×800、1000×1000	15、18、20	米色系/灰色系	国产品牌
		实木复合地板	尺寸可定制	15、18	选样	国产品牌
	门	木门	2100×1200、2100×1500、2100×900	60、80	木色系/米色系	国产品牌
	照明	节能灯	T5、T7			国产品牌
		LED	根据设计型号			国产品牌

4.5.5 厨房

厨房装修材料指导标准材料见表4-11。

表4-11　　　　　　　　　厨房装修材料指导标准材料

部位	类别	名称	规格尺寸（mm×mm）	厚度（mm）	色系	备注
厨房	顶棚	集成铝扣板	600×600、300×600、300×300	0.6、0.8、1.0、1.2	白色系/灰色系	铝单板、铝锰板
	内墙	面砖	300×600、600×600	10、12	选样	国产品牌
	地面	大理石（门槛）	—	20、25	咖色系/黑色系	国产品牌
		防滑地砖	600×600、300×600、300×300	10、12	白色系/米色系	国产品牌
	门	木门	2100×1200、2100×1500、2100×900	60、80	灰色系/白色系	国产品牌
	照明	节能灯	T5、T7			国产品牌
		LED	根据设计型号			国产品牌

4.5.6 卫生间

卫生间装修材料指导标准材料见表4-12。

表4-12　　　　　　　　卫生间装修材料指导标准材料

部位	类别	名称	规格尺寸（mm×mm）	厚度（mm）	色系	备注
卫生间	顶棚	集成铝扣板	600×600、300×600、300×300	0.6、0.8、1.0、1.2	白色系/灰色系	铝单板、铝锰板
	内墙	面砖	300×600、600×600	10、12	选样	国产品牌
	地面	大理石（门槛、挡水条）	—	20、25	咖色系/黑色系	国产品牌
		防滑地砖	600×600、300×600、300×300	10、12	白色系/米色系	国产品牌
	门	木门	2100×1200、2100×1500、2100×900	60、80	灰色系/白色系	国产品牌
	照明	节能灯	T5、T7			国产品牌
		LED	根据设计型号			国产品牌

4.6 接待中心

接待中心各部位的装修材料设计，根据不同功能进行分类。主要有以下功能部位：门厅、过道、大床房、标准房、套房、布草间、洗衣房。

4.6.1 门厅

门厅装修材料指导标准材料见表4-13。

表4-13　　　　　　　　　门厅装修材料指导标准材料

部位	类别	名称	规格尺寸（mm×mm）	厚度（mm）	色系	备注
门厅	顶棚	石膏板	2400×1200、3000×1200	9.5、12	白色系/米色系	纸面石膏板
		软膜	1.5m	1.8	白色系/米色系	白色
		铝板	600×1200、600×600	0.8、1.0、1.2、1.5	白色系/灰色系	铝单板、铝锰板
		生态木	40×60、60×35、60×80、80×1000	12、15、18、20	木色系/米色系	饰面层选样
	内墙	陶瓷薄板	1200×600、600×900	5、6	白色系/灰色系	国产品牌
		大理石	尺寸可定制	20、25	米色系/灰色系	国产品牌
	地面	大理石	尺寸可定制	20、25	白色系/灰色系	国产品牌
		地砖	800×800、1000×1000	15、18、20	白色系/灰色系	国产品牌
	门	木门	2100×1200、2100×1500、2100×900	60、80	木色系/米色系	国产品牌
		电动门（大门）	尺寸可定制		清玻	安全玻璃平开形式
		防火门	2100×1200、2100×1500、2100×900	60、80	白色系/灰色系	国产品牌
	照明	节能灯	T5、T7			国产品牌
		LED	根据设计型号			国产品牌

4.6.2 过道

过道装修材料指导标准材料见表 4-14。

表 4-14　　　　　过道装修材料指导标准材料

部位	类别	名称	规格尺寸（mm×mm）	厚度（mm）	色系	备注
过道	顶棚	石膏板	2400×1200、3000×1200	9.5、12	白色系/米色系	纸面石膏板
		矿棉板	1200×600、600×600	9、12、15	白色系/灰色系	国产品牌
		铝板	300×1200、600×600、600×900	0.8、1.0、1.2、1.5	白色系/灰色系	铝单板、铝锰板
		铝管	40×60、60×60、60×80	0.6、0.8、1.0、1.2	白色系/灰色系	U型铝条
		生态木	40×60、60×35、60×80、80×1000	12、15、18、20	木色系/米色系	饰面层选样
	内墙	乳胶漆	—	水性涂料	白色系/米色系	国产品牌
		机理乳胶漆	—	水性涂料	白色系/米色系	国产品牌
		墙布	900mm×20m、820mm×50m、2700mm×50m		选样	国产品牌
	地面	大理石（门槛）	—	20、25	米色系/灰色系	国产品牌
		地砖	800×800、1000×1000	18、20	米色系/灰色系	国产品牌
	门	木门	2100×1200、2100×1500、2100×900	60、80	木色系/米色系	国产品牌
		防火门	2100×1200、2100×1500、2100×900	60、80	白色系/灰色系	国产品牌
	栏杆	玻璃	根据设计尺寸	20.76	清玻	夹胶玻璃
		不锈钢	高度1050		灰色系/钛金灰色系	碳钢铝镁拉丝不锈钢实木扶手
	照明	节能灯	T5、T7			国产品牌
		LED	根据设计型号			国产品牌

4.6.3 大床房

大床房装修材料指导标准材料见表 4-15。

表 4-15　　　　　大床房装修材料指导标准材料

部位	类别	名称	规格尺寸（mm×mm）	厚度（mm）	色系	备注
大床房	顶棚	石膏板	2400×1200、3000×1200	9.5、12	白色系/米色系	纸面石膏板
	内墙	乳胶漆	—	水性涂料	白色系/米色系	国产品牌
		机理乳胶漆	—	水性涂料	白色系/米色系	国产品牌
		墙布	900mm×20m、820mm×50m、2700mm×50m		选样	国产品牌
		木饰面板	2440×1220、2000×1220	1.2、1.5、1.8	选样	国产品牌
	地面	实木复合地板	尺寸可定制	15、18	选样	国产品牌
		地砖	800×800、600×600	10、12	白色系/米色系	国产品牌
	门	木门	2100×1200、2100×1500、2100×900	60、80	木色系/米色系	国产品牌
	照明	节能灯	T5、T7			国产品牌
		LED	根据设计型号			国产品牌

4.6.4 标准房

标准房装修材料指导标准材料见表 4-16。

表 4-16　　　　　标准房装修材料指导标准材料

部位	类别	名称	规格尺寸（mm×mm）	厚度（mm）	色系	备注
标准房	顶棚	石膏板	2400×1200、3000×1200	9.5、12	白色系/米色系	纸面石膏板
	内墙	乳胶漆	—	水性涂料	白色系/米色系	国产品牌
		墙布	900mm×20m、820mm×50m、2700mm×50m		选样	国产品牌

部位	类别	名称	规格尺寸（mm×mm）	厚度（mm）	色系	备注
标准房	地面	实木复合地板	尺寸可定制	15、18	选样	国产品牌
		地砖	800×800、600×600	10、12	白色系/米色系	国产品牌
	门	木门	2100×1200、2100×1500、2100×900	60、80	木色系/米色系	国产品牌
	照明	节能灯	T5、T7			国产品牌
		LED	根据设计型号			国产品牌

4.6.5 套房

套房装修材料指导标准材料见表4-17。

表 4-17　　套房装修材料指导标准材料

部位	类别	名称	规格尺寸（mm×mm）	厚度（mm）	色系	备注
套房	顶棚	石膏板	2400×1200、3000×1200	9.5、12	白色系/米色系	纸面石膏板
	内墙	乳胶漆	—	水性涂料	白色系/米色系	国产品牌
		机理乳胶漆	—	水性涂料	白色系/米色系	国产品牌
		墙布	900mm×20m、820mm×50m、2700mm×50m		选样	国产品牌
		木饰面板	2440×1220、2000×1220	1.2、1.5、1.8	选样	国产品牌
	地面	实木复合地板	尺寸可定制	15、18	选样	国产品牌
		地砖	800×800、600×600	10、12	白色系/米色系	国产品牌
	门	木门	2100×1200、2100×1500、2100×900	60、80	木色系/米色系	国产品牌
	照明	节能灯	T5、T7			国产品牌
		LED	根据设计型号			国产品牌

4.6.6 布草间

布草间装修材料指导标准材料见表4-18。

表 4-18　　布草间装修材料指导标准材料

部位	类别	名称	规格尺寸（mm×mm）	厚度（mm）	色系	备注
布草间	顶棚	乳胶漆	—	水性涂料	白色系/灰色系	国产品牌
	内墙	乳胶漆	—	水性涂料	白色系/米色系	国产品牌
	地面	大理石（门槛）	—	20、25	咖色系/黑色系	国产品牌
		地砖	800×800、1000×1000	15、18、20	白色系/米色系	国产品牌
	门	木门	2100×1200、2100×1500、2100×900	60、80	木色系/米色系	国产品牌
	照明	节能灯	T5、T7			国产品牌
		LED	根据设计型号			国产品牌

4.6.7 洗衣房

厨房装修材料指导标准材料见表4-19。

表 4-19　　厨房装修材料指导标准材料

部位	类别	名称	规格尺寸（mm×mm）	厚度（mm）	色系	备注
厨房	顶棚	乳胶漆	—	水性涂料	白色系/米色系	国产品牌
		集成铝扣板	600×600、300×600、300×300	0.6、0.8、1.0、1.2	白色系/灰色系	铝单板、铝锰板
	内墙	面砖	300×600、600×600	10、12	选样	国产品牌
		乳胶漆	—	水性涂料	白色系/米色系	国产品牌
	地面	大理石（门槛）	—	20、25	咖色系/黑色系	国产品牌
		防滑地砖	600×600、300×600、300×300	10、12	白色系/米色系	国产品牌
	门	木门	2100×1200、2100×1500、2100×900	60、80	木色系/米色系	国产品牌
	照明	节能灯	T5、T7			国产品牌
		LED	根据设计型号			国产品牌

4.7 文体中心

文体中心各部位的装修材料设计，根据不同功能进行分类。主要有以下功能部位：门厅、健身房、更衣区、室内篮球场。

4.7.1 门厅

门厅装修材料指导标准材料见表4-20。

表 4-20　　　　　　　　门厅装修材料指导标准材料

部位	类别	名称	规格尺寸（mm×mm）	厚度（mm）	色系	备注
门厅	顶棚	石膏板	2400×1200、3000×1200	9.5、12	白色系/米色系	纸面石膏板
		软膜	1.5m	1.8	白色系/米色系	白色
		铝板	600×1200、600×600	0.8、1.0、1.2	白色系/灰色系	铝单板、铝锰板
		生态木	40×60、60×35、60×80、80×1000	12、15、18、20	木色系/米色系	饰面层选样
	内墙	陶瓷薄板	1200×600、600×900	5、6	白色系/灰色系	
		大理石	尺寸可定制	20、25	米色系/灰色系	国产品牌
	地面	大理石	尺寸可定制	20、25	白色系/灰色系	国产品牌
		地砖	800×800、1000×1000	15、18、20	白色系/灰色系	国产品牌
	门	木门	2100×1200、2100×1500、2100×900	60、80	木色系/米色系	国产品牌
		电动门（大门）	尺寸可定制		清玻	安全玻璃平开形式
		防火门	2100×1200、2100×1500、2100×900	60、80	白色系/灰色系	
	栏杆	玻璃	根据设计尺寸	20.76	清玻	夹胶玻璃
		不锈钢	高度1050		灰色系/钛金灰色系	碳钢铝镁拉丝不锈钢实木扶手
	照明	节能灯	T5、T7			国产品牌
		LED	根据设计型号			国产品牌

4.7.2 健身房

健身房装修材料指导标准材料见表4-21。

表 4-21　　　　　　　　健身房装修材料指导标准材料

部位	类别	名称	规格尺寸（mm×mm）	厚度（mm）	色系	备注
健身房	吊顶	铝板	300×1200、600×600、600×900	0.8、1.0、1.2、1.5	白色系/灰色系	铝单板、铝锰板
		铝管	40×60、60×60、60×80	0.6、0.8、1.0、1.2	白色系/灰色系	U形铝条
		石膏板	2400×1200、3000×1200	9.5、12	白色系/米色系	纸面石膏板
	内墙	乳胶漆	—	水性涂料	白色系/米色系	国产品牌
		机理乳胶漆	—	水性涂料	白色系/米色系	国产品牌
		木质饰面板	2440×1220、2000×1220	1.2、1.5、1.8	选样	国产品牌
	地面	PVC运动地板	1500	3	选样	国产品牌
	门	木门	2100×1200、2100×1500、2100×900	60、80	木色系/米色系	国产品牌
		防火门	2100×1200、2100×1500、2100×900	60、80	灰色系/白色系	国产品牌
	照明	节能灯	T5、T7			国产品牌
		LED	根据设计型号			国产品牌

4.7.3 更衣区

更衣区装修材料指导标准材料见表4-22。

表 4-22　　　　　　　　更衣区装修材料指导标准材料

部位	类别	名称	规格尺寸（mm×mm）	厚度（mm）	色系	备注
更衣区	顶棚	石膏板	2400×1200、3000×1200	9.5、12	白色系/米色系	纸面石膏板
		集成铝扣板	600×600、300×600、300×300	0.6、0.8、1.0、1.2	白色系/灰色系	铝单板、铝锰板

部位	类别	名称	规格尺寸（mm×mm）	厚度（mm）	色系	备注
更衣区	内墙	面砖	300×600、600×600	10、12	白色系/米色系	国产品牌
		乳胶漆	根据设计尺寸	水性涂料	白色系/米色系	国产品牌
	地面	大理石（门槛）	—	20、25	咖色系/黑色系	国产品牌
		防滑地砖	600×600、300×600、300×300	10.12	白色系/米色系	国产品牌
	门	木门	2100×1200、2100×1500、2100×900	60、80	木色系/米色系	国产品牌
	照明	节能灯	T5、T7			国产品牌
		LED	根据设计型号			国产品牌

4.7.4 室内篮球场

室内篮球场装修材料指导标准材料见表4-23。

表 4-23　　室内篮球场装修材料指导标准材料

部位	类别	名称	规格尺寸（mm×mm）	厚度（mm）	色系	备注
室内篮球场	吊顶	铝板	300×1200、600×600、600×900	0.8、1.0、1.2	白色系/灰色系	铝单板、铝锰板
		铝管	40×60、60×60、60×80	0.6、0.8、1.0、1.2	白色系/灰色系	U形铝条
		乳胶漆	—	水性涂料	白色系/米色系	国产品牌
	内墙	乳胶漆	—	水性涂料	白色系/米色系	国产品牌
		机理乳胶漆	—	水性涂料	白色系/米色系	国产品牌
		木质饰面板	2440×1220、2000×1220	1.2、1.5、1.8	选样	国产品牌
	地面	PVC运动地板	1500	3.5、4.5	枫木纹	国产品牌
		运动木地板	尺寸可定制	15、18		实木复合地板

部位	类别	名称	规格尺寸（mm×mm）	厚度（mm）	色系	备注
室内篮球场	门	木门	2100×1200、2100×1500、2100×900	60、80	木色系/米色系	国产品牌
		防火门	2100×1200、2100×1500、2100×900	60、80	灰色系/白色系	国产品牌
	照明	节能灯	T5、T7			国产品牌
		LED	根据设计型号			国产品牌

4.8　门卫室

门卫室装修材料指导标准材料见表4-24。

表 4-24　　门卫室装修材料指导标准材料

部位	类别	名称	规格尺寸（mm×mm）	厚度（mm）	色系	备注
值班室	顶棚	石膏板	2400×1200、3000×1200	9.5、12	白色系/米色系	纸面石膏板
		铝板	600×1200、600×600	0.8、1.0、1.2	白色系/灰色系	铝单板、铝锰板
	内墙	乳胶漆		水性涂料	白色系/米色系	国产品牌
	地面	地砖	800×800、1000×1000	15、18、20	白色系/灰色系	国产品牌
	门	木门	2100×1200、2100×1500、2100×900	60、80	木色系/米色系	国产品牌
		电动门（大门）	尺寸可定制		灰色系/钛金灰色系	国产品牌
	照明	节能灯	T5、T7			国产品牌

A.1 装修材料指导标准

装修材料指导标准规格参数见表 A-1～表 A-3。

表 A-1 装修材料指导标准规格参数表——吊顶部分

名称	基本参数	参考品牌	备注
石膏板	耐火纸面石膏板和耐水耐火纸面石膏板，吸水率≤10%，表面吸水量≤160%，遇火稳定性≥20min。高级耐火纸面石膏板和耐水耐火纸面石膏板，吸水率≤5%，表面吸水量≤160%，遇火稳定性≥45～60min	兔宝宝、百强、千年舟	执行标准为 AST-MC630M-00 和 GB/T 9775—2008，不燃性 A 级
矿棉板	不含石棉、吸声、隔热，吸水率≤25%，含水率≤12%	拉法基、可耐福、龙牌	不燃性 A 级
软膜	张力强度 L≥120%，T≥130%，延伸性 L≥120%，T≥130%，抗撕性能 L≥13n/mm³，T≥16n/mm³，收缩性能≥4%	博雅、朗域、欧尚瑞	不燃性 A 级
铝管	面层氟碳喷涂，厚度最小≥25；阳极氧化厚度最小≥8；电泳涂漆，漆膜厚度≥12，复合膜厚度≥16	上海睿衡	以口形铝管和 U 形铝管为主
铝板	室内基本采用铝硅系合金板，拉强度为 170～305MPa，退火温度为 345℃，以薄板为主	上海睿衡	常用面层拉丝铝板、氧化铝板、镜面铝板、压花铝板，基本采用 1060、1100
生态木	木粉含量为 69%，PVC 含量为 30%，色剂配方含量为 1%	景灏建材	生态木塑复合材料内墙系列，生态木塑复合材料天花系列。不燃性 A 级

表 A-2 装修材料指导标准规格参数表——墙面部分

名称	基本参数	参考品牌	备注
乳胶漆	表面光照亚光，对比率为 0.97，耐碱性为 48h 无异常，耐水性为 96h 无异常，使用年限在 10 年以上，游离甲醛（mg/kg）≤100	多乐士、立邦、三棵树	也可根据不用的位置，选择不同的颜色或不同的面层效果

续表

名称	基本参数	参考品牌	备注
木质饰面板	具有表面耐磨损、耐沸水、耐干热、耐压、耐刮、耐潮，抗撞击、抗破裂、抗褪色、抗烟灼性能，可防止人工照明下的色彩变化，同时具有加热后成形能力	富美家、帝龙、德丽斯	主要以人造饰面板和耐火饰面板为主
墙布	润湿拉伸负荷（N/15mm）≥2.0，甲醛（mg/kg）≤120，氯乙烯单体（mg/kg）≤1.0	孚太、御纸世家、嘉格纳	阻燃级别 B1。采用无缝墙布，基层以化纤、棉麻混纺为主
面砖	吸水率平均值<0.5%，单值<0.6%；表面平整度为±0.5%；耐磨度耐磨损体积/mm³；<175，破坏强度厚度>7.5mm 时>1300N	东鹏、马可波罗、诺贝尔	主要以瓷制釉面砖为主

表 A-3 装修材料指导标准规格参数表——地面部分

名称	基本参数	参考品牌	备注
花岗岩	地面以抛光面和喷砂面为主，墙面以光面为主。挂装系统结构强度（kPa）≥1.20；（干燥及水饱和）弯曲强度标准值（MPa）≥8.0；吸水率≤0.6；最小厚度≥25mm；单块面积不宜大于 1.5m²	际洲石材、宗艺石材、鸿远石材	使用在地面、楼梯踏步、台面等严重踩踏或磨损部位的石材吸水率≤0.40
大理石	地面以抛光面和细磨面为主，墙面以光面为主。挂装系统结构强度（kPa）≥1.20；（干燥及水饱和）弯曲强度标准值（MPa）≥7.0；吸水率≤0.5；最小厚度≥25mm；单块面积不宜大于 1.5m²	际洲石材、宗艺石材、鸿远石材	当面积大于 1m² 或采用砂岩、石英石时，厚度需 35mm
玻化砖或抛光砖	吸水率平均值<0.5%，单值<0.6%；表面平整度为±0.5%；耐磨度耐磨损体积<175mm³；厚度>7.5mm 时破坏强度>1300N	诺贝尔、箭牌、马可波罗	

名称	基本参数	参考品牌	备注
实木复合地板	面层油漆采用 UV 亚光漆，表层厚度在 4mm 以上，芯板和底板品种一致，拼装离缝平均值≤0.15mm，拼装离缝最大值≤0.20mm，拼装高度差平均值≤0.10mm，拼装高度差最大值≤0.15mm	圣象地板、大自然地板、世友地板	表层为耐磨层，应选择质地坚硬、纹理美观的品种
地坪漆	采用环氧自流平地坪或环氧自流平防静电地坪，寿命在 10 年以上，厚度为 1.5～5mm，高洁净等级、美观、基本可达镜面效果，耐酸、碱、盐、油类介质腐蚀，耐磨、耐压、耐冲击。表面电阻及体积电阻范围：≥1×106～1×109（静电耗散性）	菲凡士、集跃地坪、上海森丰	厂房设备房可按 3～5mm 厚度施工

A.2 通用工艺标准

（1）墙地面石材铺贴深色系列石材采用 32.5MPa 普通硅酸盐水泥混合中砂或粗砂（含泥量不大于 3%）1：3 配比作为结合层；浅色石材采用专用的石材黏结剂，按产品说明书执行。

（2）墙地面防水处理应采用柔性防水涂料，须纵、横防水各一遍，以保证防水层密封性。厨卫湿区（如沐浴房、浴缸）的墙面防水涂层高度不低于 1800mm，干区的墙面防水涂层高度不低于 300mm。

（3）卫生间面积紧凑、管道多、易渗漏，防水用材宜采用涂膜防水材料。一般标准可用 SBS 胶乳沥青涂膜防水材料；中等标准可用丁胶乳沥青涂膜防水材料；较高标准可用聚氨酯涂膜防水材料。管根防水用建筑密封膏填实，墙面防水高度不得低于 1800mm 蓄水试验：如蓄水过程中发现水变浑浊或泛乳白色，说明防水层养护时间不够或质量存有问题，防水层已被水溶解、破坏，防水失败，须重做。

（4）石材应做六面防护，石材六面防护须纵、横各一遍，待第一遍防护干了以后，开始刷第二遍防护，彻底干燥后铺贴。

（5）石材面层铺贴前应用专用锯齿状胶刮刀背面刮一层黏结剂，晾干后进行铺贴。浅色石材应采用白色石材专用黏结剂。

（6）所有石材外露切割面，除非设计有特殊要求，否则必须进行抛光处理。

（7）地面石材（大理石）完成后，应进行晶面处理，镜面板材的镜向光泽值应不低于 80 光泽单位。

（8）进行大理石铺贴时应铲除背面网格布（干挂墙面的可局部铲除）。

（9）所有型钢规格必须符合国家标准，并做热镀锌处理；钢架焊接部位须做二度以上防锈处理；不锈钢石材挂件钢号为 202 以上、沿海项目需采用 304 钢号。

（10）淋浴房挡水条需按设计图纸要求现场弹线，结构楼面预植 ϕ6mm 圆钢，间距不大于 300mm，在顶端处焊接 ϕ6mm 圆钢连接，制模浇捣。挡水条底部地面应预先凿毛，采用细石混凝土（瓜子片）浇捣；挡水条与墙体交接处应伸入墙体 20mm，并与墙地面统一做防水处理。

（11）木基层必须进行三防处理，即防火、防潮、防虫。

（12）木制品要求工厂化加工，现场安装。木制品的外饰木皮厚度应不低于 60mm（除非设计有其他要求），油漆需符合环保要求，阳角收口应在工厂制作完成后现场安装。木制品出厂时背面必须刷防潮漆或贴平衡纸，以防表面与背面因应力不平衡而导致产品变形，安装时不得在表面用枪钉固定。

（13）房门均须配置一只门吸或门阻，安装位置根据现场实际位置确定。门套企口边需嵌橡胶防撞条（色系与木饰面相同或按设计要求）。房门配置 3 只以上合页，安装位置：上部第一只合页顶部距门顶部为 180mm，第二只合页顶部距第一只底部距离为 200～350mm（或根据门高度按比例定），底部一只合页底部距门底部 180mm。门扇上的五金件，如暗藏闭门器、合页、锁孔等开槽、开孔须在工厂油漆完成前开设完毕，严禁在油漆工序完成后进行，从而造成油漆面的破坏、损伤等，同时门封边不得有爆边、开裂现象。

（14）吊杆应采用镀锌成品螺纹杆，间距不大于 900mm。吊杆长度大于 1500mm 时，须采用 60 系列轻钢龙骨或 L30mm×30mm 镀锌角钢做反支撑加固处理。

（15）主龙骨厚为 1.2mm，间距为 800～1000mm，主龙骨按房间短跨长度起拱不小于 3‰；次龙骨壁厚为不小于 0.6mm，次龙骨中心间距为 300～600mm；需加横撑副龙骨中心间距为 300～600mm（或按设计要求、专业厂家施工规范）；与墙体收口边龙骨宜用专业 U 形轻钢龙骨而不宜用木方。

（16）厨房、卫生间顶棚如设计要求为防水石膏板吊顶，则需采用镀锌 50 系列轻钢龙骨，封单层 12mm 防水纸面石膏板或双层 9.5mm 防水石膏板，饰面防水乳胶漆。

（17）其他空间如设计要求为石膏板吊顶，高位采用单层 12mm 石膏板铺设，低位采用双层 9.5mm 石膏板铺设，板材的长边（即包封边）应沿纵向次龙骨铺设。相邻两块石膏板之间应错缝拼接，留缝 4～6mm。上、下两层石膏板的接缝应错开，不得在同一根龙骨上接缝（即通缝），上、下层石膏板接触面须满涂白乳胶并用自攻螺钉固在轻钢龙骨副龙骨上。

（18）安装石膏板的自攻螺钉帽须沉入板面 0.5～1.0mm，但不应使纸面破损。钉帽涂防锈漆，待防锈漆干透后，用防水腻子补平压实；尽量把自攻螺钉头内空气挤出，以免将来因温度变化而出现开裂、变色现象；待防水腻子干透后，检查是否存有螺钉钉头气孔出现；如有，需整改。石膏板安装前，须核对灯孔与龙骨的位置，严禁灯孔与主、次龙骨位置重叠（在做顶棚总平面时，应该标注各专业终端设备位置，放线定位，把相关位置返顶棚或落地面，基层龙骨施工时就应避免位置重叠而切断副龙骨甚至主龙骨）。

（19）吊顶要求采用成品检修孔，规格满足检修要求。

（20）墙面双飞粉（非石膏找平）腻子需调入 10％清油以增加基层的硬度，墙纸基层尤其需如此。平整度和垂直度必须达标，横平竖直，每个空间在定位放线阶段即需"找方正"，确定阴阳角横平竖直。

（21）墙纸饰面应待平速度及垂直度符合施工要求后，用醇酸清漆（优于基膜，但成活时间较长，如赶上工期项目可另议）满涂于墙面，不少于两遍，但厚不宜过厚，并采用专业配套墙纸、墙布胶浆粘贴。

（22）玻璃应采用钢化玻璃，并且所有玻璃制品需进行四周磨边处理。

（23）所有需用硅胶收口部位，必须采用与周边同色（或按设计要求）中性防霉硅胶或耐候胶。

（24）顶棚、墙面乳胶漆标准见另案专题方案。

（25）顶棚、墙面皮革或布料软硬包标准见另案专题方案。

（26）普通地漏的水封深度不得小于 50mm；直埋式地漏系参照北京市惠东塑料制品厂产品编制。直埋式地漏的材质有 PVC-U、铸铜、铸铁及不锈钢等，由设计决定。地漏安装时应保持地漏低于周围地面 5～10mm。

（27）洗面器有托架固定和背挂固定，规格尺寸见 91SB2-1-1～5。如使用红外感应水嘴系参照北京水暖器材一厂生产的 M1404 和 M1405 型脸盆红外感应水嘴编制。该红外感应水嘴适用水压力范围为 0.1～0.6MPa，有效感应距离为 18～25cm。冷、热水管管径，明装或暗装形式及存水弯采用 P 形、S 形或瓶形由设计决定。采用电源为 6V DC。

（28）壁纸说明：品种、特点是国内外使用最为广泛的内墙装饰材料之一。

按材质分有塑料壁纸、织物壁纸、金属壁纸、装饰等。

按功能分有除有装饰功能外，还有吸声、防火、保温、防霉、防菌、防潮、抗静电等。

（29）内隔墙吸音材料一般为 25 厚玻璃棉、岩棉等，或由设计定。轻钢龙骨规格根据墙高等因素由设计人员定。

A.3　常用装修通用标准节点

常用装修通用标准节点见表 A-4～表 A-6。

A.3.1　吊顶通用标准节点

表 A-4　　　　　　　　　　　　　　　　　　　　　　　吊顶通用标准节点

类别	名称	适用部位及注意事项	用料及分层做法	简图
顶面同一材质安装做法	矿棉板吊顶	一般室内、室外吊顶。 注意： 1. 面积较大的石膏板吊顶需注意起拱，坡度按 1/200 设定。 2. 矿棉板吊顶不可安装在潮气较大的地方。 3. 此节点带有装饰线条。 4. 当灯具或重型设备与吊杆相遇时，应增加吊杆，严禁安装在龙骨上	1. 龙骨吸顶吊件用膨胀螺栓与钢筋混凝土板或钢架转换层固定。 2. $\phi8$ 吊筋和配件固定 50 或 60 主龙骨；中距为 1200mm。 3. 明龙骨矿棉板直接搭在 T 形烤漆龙骨上即可	$\phi8$ 丝杆 M8 膨胀螺栓固定 50主龙@900系列轻钢龙骨吊顶 矿棉板专用卡件 矿棉板饰面

类别	名称	适用部位及注意事项	用料及分层做法	简图
顶面同一材质安装做法	矿棉板吊顶	1. 面积较大的石膏板吊顶需注意起拱，坡度按 1/200 设定。 2. 房间内主龙骨沿灯具的长方向排布，注意避开灯具位置；走廊内主龙骨沿走廊短方向排布。 3. 当灯具或重型设备与吊杆相遇时，应增加吊杆，严禁安装在龙骨上	1. 龙骨吸顶吊件用膨胀螺栓与钢筋混凝土板或钢架转换层固定。 2. φ8 吊筋和配件固定 50 和 60 主龙骨；中距为 1200mm。 3. 安装小龙骨和相应挂件。 4. 靠墙安装边龙骨，固定间距为 200mm。 5. 随安板随安配套的小龙骨，安装时操作工人戴白手套，以防止污染	φ8丝杆 M8膨胀螺栓固定 50主龙@900 系列轻钢龙骨吊顶 次龙骨 专用挂件 矿棉板饰面
顶面同一材质安装做法	不锈钢吊顶	一般室内、室外吊顶。 注意： 1. 干挂需考虑不锈钢与基层焊接牢度。 2. 干挂不锈钢之间的间隙缝需留够，通常为 8～10mm。 3. 为了装饰美观可以考虑对间隙缝封胶或进行安装装饰条处理。 4. 没有大面积的可以直接在木工板上粘贴。 5. 面积较大不锈钢需增加厚度或背部加背条，减少变形系数	1. 龙骨吸顶吊件用膨胀螺栓与钢筋混凝土板或钢架转换层固定。 2. φ10 吊筋和配件固定 50 或 60 主龙骨；中距为 900mm。 3. 依次固定 50 副龙骨。 4. 逐步干挂安装不锈钢，点焊时需考虑间隙缝。 5. 根据不锈钢设计情况，基层也可加方管固定	焊接点 不锈钢折板
顶面同一材质安装做法	木饰面吊顶	1. 木工板基层需平整，需进行防腐防潮处理。 2. 基层跨度较大时木饰面可用挂件安装，根据木饰面大小需考虑挂条承重。 3. 花格类施工可直接用枪钉从侧面固定。 4. 没有大面积的可以直接在木工板上粘贴。 5. 修补时避免二次污染。 6. 根据行业发展，木饰面基层最好直接用轻钢基层。 7. 木饰面背面需封漆，避免单面油漆双面受力不均导致变形	1. 龙骨吸顶吊件用膨胀螺栓与钢筋混凝土板或钢架转换层固定。 2. φ8 吊筋和配件固定 50 或 60 主龙骨；中距为 900mm。 3. 依次固定 50 副龙骨。 4. 18mm 厚木工板或多层板基层用自攻螺钉与龙骨固定。 5. 根据木饰面自身情况选择相适应的挂条，背面打胶，安装。 6. 进行油漆修补	φ8丝杆 M8膨胀螺栓固定50主龙@900 50副龙@300×600系列轻钢龙骨吊顶 5×3凹缝 12mm多层板（刷防火涂料） 木饰面挂条 木饰面

类别	名称	适用部位及注意事项	用料及分层做法	简图
顶面不同材质相接工艺做法	铝格栅与石膏板相接	1. 金属格栅与石膏板。 2. 铝格栅与石膏板。 注意： 1. 对格栅种类、厚度的选择。 2. 对完成面的平整度的处理	1. 根据格栅吊顶平面图，弹出构件材料的纵横布置线、造型较复杂部位的轮廓线及吊顶标高线。 2. 固定吊筋吊杆、镀锌铁丝及扁铁吊件。 3. 格栅的安装。 4. 格栅安装完成后，进行最后的调平。 5. 格栅与石膏板接口处石膏板上翻处理。与格栅留20mm间隙	
顶面不同材质相接工艺做法	铝板与石膏板相接	1. 纯铝板与石膏板。 2. 合金铝板与石膏板。 3. 复合铝板与石膏板。 4. 包铝板与石膏板。 5. 冲孔铝板与石膏板。 6. 蜂窝铝板与石膏板。 注意： 1. 铝板厚度的选择。 2. 铝板与铝板间留缝的处理	1. 根据设计要求，确定标高基准线。 2. 安装预埋件、连接件。 3. 安装铝板。 4. 检查各铝板间的缝隙是否一致。 5. 用L形收边条与石膏板收口。 6. 清理铝板板面	
顶面不同材质相接工艺做法	软膜与石膏板相接	1. 光面膜与石膏板。 2. 透光膜与石膏板。 3. 哑光膜与石膏板。 4. 绒面膜与石膏板。 5. 基本膜与石膏板。	1. 在需要安装软膜天花的水平高度位置四周围固定一圈40mm×40mm支撑龙骨（木方或钢管）。 2. 所需的木方固定好后，在支撑龙骨的底面固定安装软膜天花的铝合金龙骨。 3. 所有的安装软膜天花的铝合金龙骨固定好后，再安装软膜。 4. 安装完毕后，用干净毛巾把软膜天花清洁干净。 5. 与石膏板相接处用不锈钢或其他相近材质收口	

类别	名称	适用部位及注意事项	用料及分层做法	简图
顶面不同材质相接工艺做法	成品双铝边检修口加固节点详图	注意： 1. 张拉膜内暗藏灯内部应涂白。 2. 软膜天花安装完工后，如油漆工需修复石膏板天花不应触碰软膜天花。 3. 软膜天花面积较大时，需在中间位置加木方，并分块安装。 4. 根据防火要求张拉膜大芯板面层需粘接石膏板刮白。 5. 进行灯管安装时考虑灯影，灯管安装需重叠	1. 龙骨吸顶吊件用膨胀螺栓与钢筋混凝土板固定。 2. 50 主龙间距为 900mm，50 副龙间距为 300mm，副龙横称间距为 600mm。 3. 检修口周边基层焊接 5 号镀锌角钢加固，连接处满焊接，刷防锈漆三度。 4. 9.5mm 厚纸面石膏板与成品双铝边石膏检修口用自攻螺钉与龙骨固定。 5. 满批耐水腻子三度。 6. 乳胶漆涂料饰面	

A.3.2 墙面通用标准节点

表 A-5　　　　　　　　　　　　　　　　　　　　　　墙面通用标准节点

类别	名称	适用部位及注意事项	用料及分层做法	简图
墙面相同材质工艺做法	陶瓷马赛克与混凝土墙面相接	1. 马赛克墙面。 2. 马赛克台面。 3. 马赛克装饰线条。 注意： 1. 马赛克要垂直、方正。 2. 基层要平整。 3. 尺寸控制要精准	1. 选用马赛克，表面平整、尺寸正确、边棱整齐。 2. 原建筑墙面，刷混合界面剂。 3. 水泥砂浆找平处理，一定保证平整度。 4. 做 JS 或聚氨酯防水层。（见节点 2） 5. 在做水泥砂浆一道，做防水保护层。（见节点 2） 6. 进行刮毛处理，保证黏结层的附着力。 7. 铺贴马赛克，完成施工。 8. 揭纸、调缝、擦缝	
墙面相同材质工艺做法	石材与混凝土墙相接（卫生间挂贴）	1. 石材背面刷防碱涂料。 2. 墙面做防水处理	1. 墙面做 JS 防水层。 2. 选用石材 18mm，均经过六面防护、晶面处理。 3. 塑造石材造型，上下口做 3mm 倒角。 4. 石材安装前进行打眼，方便铜丝固定（上下共 4 个眼） 5. 钢筋与石材固定。 6. 土建墙体固定膨胀螺栓。 7. 钢筋于螺栓固定，钢筋成网状。 8. 铜丝拴绑与钢筋网。 9. 石材与墙体之间填充水泥砂浆，即灌浆	

类别	名称	适用部位及注意事项	用料及分层做法	简图
墙面相同材质工艺做法	石材隔墙工艺做法（横剖）	石材隔墙。 注意： 1. 净空低于4m高，采用8号槽钢。 2. 净空高于4m高，采用10号槽钢。 3. 石材排版的不同决定5号角钢的间距。 4. 双面石材隔墙厚度过厚，应采用5号角钢、8号槽钢做横撑或斜撑	1. 选用石材18mm，均经过六面防护、晶面处理。 2. 塑造石材造型。 3. 顶地固定镀锌钢板，一般用8号膨胀螺栓固定。 4. 满焊8号镀锌槽钢竖向。 5. 满焊5号镀锌角钢横向龙骨。 6. 固定不锈钢干挂件。 7. 固定不锈钢干挂件，AB胶固定石材，完成安装。 8. 近色云石胶补缝，水抛晶面	
墙面相同材质工艺做法	石材隔墙工艺做法（竖剖）	石材隔墙。 注意： 1. 净空低于4m高，采用8号槽钢。 2. 净空高于4m高，采用10号槽钢。 3. 石材排版的不同决定5号角钢的间距。 4. 双面石材隔墙厚度过厚，应采用5号角钢、8号槽钢做横撑或斜撑。 墙面3m以内加一个支撑点，3m至4m两个支撑点，平均间距大于1.3m小于1.5m即加支撑点	1. 选用石材18mm，均经过六面防护、晶面处理。 2. 塑造石材造型。 3. 顶地固定镀锌钢板，一般用8号膨胀螺栓固定。 4. 满焊8号镀锌槽钢竖向。 5. 满焊5号镀锌角钢横向龙骨。 6. 固定不锈钢干挂件。 7. 固定不锈钢干挂件，AB胶固定石材，完成安装。 8. 近色云石胶补缝，水抛晶面	
墙面相同材质工艺做法	石材与混凝土墙相接（竖剖）	1. 石材与混凝土墙体。 2. 石材踢脚与混凝土墙体。 3. 石材套框与混凝土墙体。 注意： 1. 4m高的墙体，采用8号槽钢。 2. 高于4m高的墙体，采用10号槽钢。 3. 石材排版的不同决定5号角钢的间距。 4. 石材高度大于等于500中间石材加云石胶定位AB胶加固	1. 选用石材18mm，均经过六面防护、晶面处理。 2. 塑造石材造型，上下口做3mm倒角。 3. 混凝土墙体固定镀锌钢板，一般用8号膨胀螺栓固定。 4. 在干挂件无法满足造型的需求下，采用满焊5号角钢转接件，以调整完成面与墙体的间距。 5. 满焊8号镀锌槽钢竖向。 6. 满焊5号镀锌角钢横向龙骨。 7. 固定不锈钢干挂件。 8. 固定不锈钢干挂件，AB胶固定石材，完成安装。 9. 近色云石胶补缝，水抛晶面	

类别	名称	适用部位及注意事项	用料及分层做法	简图
墙面相同材质工艺做法	石材与混凝土墙相接（横剖）	1. 石材与混凝土墙体。 2. 石材踢脚与混凝土墙体。 3. 石材套框与混凝土墙体。 注意： 1. 4m 高的墙体，采用 8 号槽钢。 2. 高于 4m 高的墙体，采用 10 号槽钢。 3. 石材排版的不同决定 5 号角钢的间距。 4. 马片间距。石材 800 以内用两个马片，800 以外用三个马片，马片间距不大于 500	1. 选用石材 18mm，均经过六面防护、晶面处理。 2. 塑造石材造型，上下口做 3mm 倒角。 3. 混凝土墙体固定镀锌钢板，一般用 8 号膨胀螺栓固定。 4. 在干挂件无法满足造型的需求下，采用满焊 5 号角钢转接件，以调整完成面与墙体的间距。 5. 满焊 8 号镀锌槽钢竖向。 6. 满焊 5 号镀锌角钢横向龙骨。 7. 固定不锈钢干挂件。 8. 固定不锈钢干挂件，AB 胶固定石材，完成安装。 9. 近色云石胶补缝，水抛晶面	预埋250×150×8 镀锌钢板 8号镀锌槽钢 5号镀锌角钢 石材 3×3 V形缝 不锈钢干挂件 建筑混凝土墙体 8号膨胀螺栓
墙面相同材质工艺做法	石材与加气块墙相接（竖剖）	1. 石材与加气块墙体。 2. 石材踢脚与加气块墙体。 3. 石材套框与加气块墙体。 注意： 1. 4m 高的墙体，采用 8 号槽钢。 2. 高于 4m 高的墙体，采用 10 号槽钢。 3. 石材排版的不同决定 5 号角钢的间距	1. 选用石材 18mm，均经过六面防护、晶面处理。 2. 塑造石材造型，上下口做 3mm 倒角。 3. 加气块墙体固定镀锌钢板，一般用 8 号穿墙螺栓固定。 4. 在干挂件无法满足造型的需求下，采用满焊 5 号角钢转接件，以调整完成面与墙体的间距。 5. 满焊 8 号镀锌槽钢竖向。 6. 满焊 5 号镀锌角钢横向龙骨。 7. 固定不锈钢干挂件。 8. 固定不锈钢干挂件，AB 胶固定石材，完成安装。 9. 近色云石胶补缝，水抛晶面	石材 不锈钢干挂件 3×3 V形缝 云石胶加AB胶 5号镀锌角钢 8号镀锌槽钢 5号镀锌角钢转接件 预埋250×150×8镀锌钢板 10穿墙螺栓 建筑加气块墙体
墙面相同材质工艺做法	石材与加气块墙相接（横剖）	1. 石材与加气块墙体。 2. 石材踢脚与加气块墙体。 3. 石材套框与加气块墙体。 注意： 1. 4m 高的墙体，采用 8 号槽钢。 2. 高于 4m 高的墙体，采用 10 号槽钢。 3. 石材排版的不同决定 5 号角钢的间距	1. 选用石材 18mm，均经过六面防护、晶面处理。 2. 塑造石材造型，上下口做 3mm 倒角。 3. 加气块墙体固定镀锌钢板，一般用 8 号穿墙螺栓固定。 4. 在干挂件无法满足造型的需求下，采用满焊 5 号角钢转接件，以调整完成面与墙体的间距。 5. 满焊 8 号镀锌槽钢竖向。 6. 满焊 5 号镀锌角钢横向龙骨。 7. 固定不锈钢干挂件。 8. 固定不锈钢干挂件，AB 胶固定石材，完成安装。 9. 近色云石胶补缝，水抛晶面	预埋250×150×8 镀锌钢板 8号镀锌槽钢 5号镀锌角钢 石材 3×3 V形缝 不锈钢干挂件 建筑加气块墙体 10穿墙螺栓

类别	名称	适用部位及注意事项	用料及分层做法	简图
墙面相同材质工艺做法	玻璃与墙面相接做法	艺术玻璃墙面。 注意： 1. 不同使用场合，玻璃的选材不一样。 2. 艺术玻璃花色统一，无损伤，无刮痕。 3. 艺术玻璃规格尺寸，图案的完整性	1. 玻璃物料选样，无划痕，无损伤。 2. 钢架基层预埋。 3. 钢架基层焊接。 4. 使用结构胶安装艺术玻璃。 5. 安装完成，清理，保护	38×25铝方通 60×60铝方通（干挂立杆） 38×25铝方通 10厚结构玻璃胶 40×40铝角码 50×25铝方通 安全艺术玻璃干挂双面1×1mm刨边 40×80铝卡片 40×40铝角码
墙面相同材质工艺做法	玻璃与隔墙相接做法	艺术玻璃墙面 注： 1. 不同使用场合，玻璃的选材不一样。 2. 艺术玻璃花色统一，无损伤，无刮痕。 3. 艺术玻璃规格尺寸，图案的完整性	1. 玻璃物料选样，无划痕，无损伤。 2. 隔墙轻钢龙骨基层安装。 3. 基层板做防火防腐处理，进行安装。 4. 使用艺术玻璃专用胶安装。 5. 安装完成，清理，保护	38穿心龙骨 75轻钢龙骨（上下顶地固定） 18mm木工板基层 防火防腐三遍 玻璃(专用胶黏贴)

类别	名称	适用部位	用料及分层做法	简图
墙面同一材质工艺做法	木龙骨干挂木饰面墙面做法	混凝土隔墙	1. 30×40mm木龙骨中距300mm，刷防火涂料三度，用钢钉与木楔固定，木楔固定在混凝土墙体内。 2. 12mm厚多层板基层找平处理，用钢钉与木龙骨固定，刷防火涂料三度。 3. 木挂条中距300mm，用枪钉与多层板固定，木挂条背面刷胶，且刷防火涂料三度。 4. 木挂条背面刷胶与木饰面用枪钉固定。 5. 木饰面卡件安装，木饰面平整度调整	30mm×20mm木龙骨基层 刷防火涂料三度@300 木挂条 5mm工艺缝 木饰面 12mm厚多层板 刷防火涂料三度 建筑墙体

类别	名称	适用部位	用料及分层做法	简图
墙面同一材质工艺做法	轻钢龙骨干挂木饰面墙面做法	混凝土隔墙	1. 用膨胀螺栓与卡式龙骨固定在墙面上，安装 U 形轻钢龙骨与卡式龙骨卡槽连接固定中距 300mm。 2. 用自攻螺丝固定 12mm 厚多层板基层（刷防火涂料三遍）与 U 形轻钢龙骨固定。 3. 用自攻螺丝固定木挂条与多层板基层。 4. 木饰面卡件安装，木饰面平整度调整	
墙面同一材质工艺做法	木龙骨干挂木饰面墙面做法	轻钢龙骨隔墙	1. 30mm×40mm 木龙骨中距 300mm，刷防火涂料三度，用自攻螺丝与龙骨隔墙龙骨固定。 2. 12mm 厚多层板基层找平处理，用钢钉与木龙骨固定，刷防火涂料三度。 3. 木挂条中距 300mm，用枪钉与多层板固定，木挂条背面刷胶，且刷防火涂料三度。 4. 木挂条背面刷胶与木饰面用枪钉固定。 5. 木饰面卡件安装，木饰面平整度调整	
墙面同一材质工艺做法	轻钢龙骨干挂木饰面墙面做法	轻钢龙骨隔墙	1. 用铆钉把卡式龙骨固定于隔墙龙骨上中距 450mm，安装 U 形轻钢龙骨与卡式龙骨卡槽连接固定中距 300mm。 2. 用自攻螺丝固定 12mm 厚多层板基层（刷防火涂料三遍）与 U 形轻钢龙骨固定。 3. 用自攻螺丝固定木挂条与多层板基层。 4. 木饰面卡件安装，木饰面平整度调整	
墙面同一材质工艺做法	无龙骨干挂木饰面墙面做法	混凝土隔墙	1. 12mm 厚多层板基层找平处理，用自攻螺丝与轻钢龙骨固定，刷防火涂料三度。 2. 木挂条中距 300mm，用枪钉与多层板固定，木挂条背面刷胶，且刷防火涂料三度。 3. 木挂条背面刷胶与木饰面用枪钉固定。 4. 木饰面卡件安装，木饰面平整度调整	

类别	名称	适用部位	用料及分层做法	简图
墙面同一材质工艺做法	无龙骨干挂木饰面墙面做法	轻钢龙骨隔墙	1. 12m 厚多层板基层找平处理，用自攻螺丝与轻钢龙骨固定，刷防火涂料三度。 2. 木挂条中距 300mm，用枪钉与多层板固定，木挂条背面刷胶，且刷防火涂料三度。 3. 木挂条背面刷胶与木饰面用枪钉固定。 4. 木饰面卡件安装，木饰面平整度调整	隔墙竖向龙骨 木挂条 5mm工艺缝 木饰面 12mm厚多层板 刷防火涂料三度 38穿心龙骨
墙面同一材质工艺做法	软包做法	混凝土隔墙	1. 30mm×40mm 木龙骨中距 300mm，刷防火涂料三度，用钢钉与木桩固定，木桩固定在混凝土墙体内。 2. 18mm 厚细木工板基层找平处理，用钢钉与木龙骨固定，刷防火涂料三度。 3. 制作好的软包模块用枪钉固定在细木工板基层上	30mm×40mm木龙骨 刷防火涂料三度@300 18mm厚细木工板 刷防火涂料三度 12mm厚多层板基层 刷防火涂料三度 海绵 皮革（织物） 建筑墙体
墙面同一材质工艺做法	软包做法	混凝土隔墙	1. 30mm×40mm 木龙骨中距 300mm，刷防火涂料三度，用钢钉与木桩固定，木桩固定在混凝土墙体内。 2. 18mm 厚细木工板基层找平处理，用钢钉与木龙骨固定，刷防火涂料三度。 3. 制作好的软包模块用枪钉固定在细木工板基层上	30mm×40mm木龙骨 刷防火涂料三度@300 18mm厚细木工板 刷防火涂料三度 石膏板基层 海绵 皮革（织物） 建筑墙体
墙面同一材质工艺做法	软包做法	轻钢龙骨隔墙	1. 用铆钉把卡式龙骨固定于隔墙龙骨上中距 450mm，安装 U 形轻钢龙骨与卡式龙骨卡槽连接固定中距 300mm。 2. 18mm 厚细木工板基层找平处理，用钢钉与木龙骨固定，刷防火涂料三度。 3. 制作好的软包模块用枪钉固定在细木工板基层上	卡式龙骨竖档@450 卡式龙骨横档@300 18mm厚细木工板 刷防火涂料三度 12mm厚多层板基层 刷防火涂料三度 海绵 皮革（织物） 隔墙竖向龙骨 38穿心龙骨

类别	名称	适用部位	用料及分层做法	简图
墙面同一材质工艺做法	软包做法	轻钢龙骨隔墙	1. 轻钢龙骨隔墙骨架一侧用 18mm 厚细木工板基层找平处理，用钢钉与 U 形轻钢龙骨固定，刷防火涂料三度。 2. 制作好的软包模块用枪钉固定在细木工板基层上	18mm厚细木工板 刷防火涂料三度 12mm厚多层板基层 刷防火涂料三度 海绵 皮革（织物） 隔墙竖向龙骨 38穿心龙骨
墙面同一材质工艺做法	硬包做法	混凝土隔墙	1. 30mm×40mm 木龙骨中距 300mm，刷防火涂料三度，用钢钉与木桩固定，木桩固定在混凝土墙体内。 2. 18mm 厚细木工板基层找平处理，用钢钉与木龙骨固定，刷防火涂料三度。 3. 制作好的硬包模块用枪钉固定在细木工板基层上	30mm×40mm木龙骨 刷防火涂料三度@300 18mm厚细木工板 刷防火涂料三度 12mm厚多层板基层 刷防火涂料三度 皮革（织物） 建筑墙体
墙面同一材质工艺做法	硬包做法	混凝土隔墙	1. 30mm×40mm 木龙骨中距 300mm，刷防火涂料三度，用钢钉与木桩固定，木桩固定在混凝土墙体内。 2. 18mm 厚细木工板基层找平处理，用钢钉与木龙骨固定，刷防火涂料三度。 3. 制作好的硬包模块用枪钉固定在细木工板基层上	30mm×40mm木龙骨 刷防火涂料三度@300 18mm厚细木工板 刷防火涂料三度 石膏板基层 皮革（织物） 建筑墙体
墙面同一材质工艺做法	硬包做法	轻钢龙骨隔墙	1. 用铆钉把卡式龙骨固定于隔墙龙骨上中距 450mm，安装 U 形轻钢龙骨与卡式龙骨卡槽连接固定中距 300m。 2. 18mm 厚细木工板基层找平处理，用钢钉与 U 形轻钢龙骨固定，刷防火涂料三度。 3. 制作好的硬包模块用枪钉固定在细木工板基层上	卡式龙骨竖档@450 卡式龙骨横档@300 18mm厚细木工板 刷防火涂料三度 12mm厚多层板基层 刷防火涂料三度 皮革（织物） 隔墙竖向龙骨 38穿心龙骨

类别	名称	适用部位	用料及分层做法	简图
墙面同一材质工艺做法	硬包做法	轻钢龙骨隔墙	1. 用铆钉把卡式龙骨固定于隔墙龙骨上中距450mm，安装U形轻钢龙骨与卡式龙骨卡槽连接固定中距300mm。 2. 18mm厚细木工板基层找平处理，用钢钉与U形轻钢龙骨固定，刷防火涂料三度。 3. 制作好的硬包模块用枪钉固定在细木工板基层上	卡式龙骨竖档@450 卡式龙骨横档@300 18mm厚细木工板 刷防火涂料三度 石膏板基层 皮革（织物） 隔墙竖向龙骨 38穿心龙骨
墙面同一材质工艺做法	软包做法	混凝土隔墙	1. 用碰撞螺栓把卡式龙骨固定于混凝土墙上中距450mm，安装U形轻钢龙骨与卡式龙骨卡槽连接固定中距300mm。 2. 18mm厚细木工板基层找平处理，用钢钉与U形轻钢龙骨固定，刷防火涂料三度。 3. 制作好的软包模块用枪钉固定在细木工板基层上	卡式龙骨竖档@450 卡式龙骨横档@300 18mm厚细木工板 刷防火涂料三度 12mm厚多层板基层 刷防火涂料三度 海绵 皮革（织物） 建筑墙体
墙面同一材质工艺做法	硬包做法	混凝土隔墙	1. 用碰撞螺栓把卡式龙骨固定于混凝土墙上中距450mm，安装U形轻钢龙骨与卡式龙骨卡槽连接固定中距300mm。 2. 18mm厚细木工板基层找平处理，用钢钉与U形轻钢龙骨固定，刷防火涂料三度。 3. 制作好的硬包模块用枪钉固定在细木工板基层上	卡式龙骨竖档@450 卡式龙骨横档@300 18mm厚细木工板 刷防火涂料三度 石膏板基层 皮革（织物） 隔墙竖向龙骨
墙面同一材质工艺做法	轻钢龙骨隔墙木龙骨基层软包做法	轻钢龙骨隔墙	1. 用自攻螺丝把FC纤维水泥加压板固定在轻钢龙骨隔墙上。 2. 30mm×40mm木龙骨中距300mm，刷防火涂料三度，用钢钉与FC纤维水泥加压板固定。 3. 18mm厚细木工板基层找平处理，用钢钉与木龙骨固定，刷防火涂料三度。 4. 制作好的软包模块用枪钉固定在细木工板基层上。	30mm×40mm木龙骨 刷防火涂料三度@300 18mm厚细木工板 刷防火涂料三度 FC纤维水泥加压板 海绵 皮革（织物） 12mm厚多层板基层 刷防火涂料三度 轻钢龙骨隔墙

类别	名称	适用部位	用料及分层做法	简图
墙面同一材质工艺做法	轻钢龙骨隔墙木龙骨基层硬包做法	轻钢龙骨隔墙	1. 用自攻螺丝把 FC 纤维水泥加压板固定在轻钢龙骨隔墙上。 2. 30mm×40mm 木龙骨中距 300mm，刷防火涂料三度，用钢钉与 FC 纤维水泥加压板固定。 3. 18mm 厚细木工板基层找平处理，用钢钉与木龙骨固定，刷防火涂料三度。 4. 制作好的硬包模块用枪钉固定在细木工板基层上	30mm×40mm木龙骨 刷防火涂料三度@300 18mm厚细木工板 刷防火涂料三度 FC纤维水泥加压板 12mm厚多层板基层 刷防火涂料三度 皮革（织物） 轻钢龙骨隔墙
墙面同一材质工艺做法	乳胶漆类做法	加气块隔墙	1. 混凝土隔墙表面清除干净，墙面滚涂界面剂一遍，素水泥浆一道内掺水重 3％～5％的 108 胶。 2. 10 厚 1：0.3：3 水泥石灰膏砂浆打底扫毛。 3. 6 厚 1：0.3：2.5 水泥石灰膏砂浆找平层。 4. 满刮三遍腻子（内掺水重 3％～5％的 108 胶）。 5. 封闭底涂料一道，待干燥后找平、修补、打磨。 6. 第三遍涂料滚刷要均匀，滚涂要循序渐进，最好采用喷涂。 说明：加气块墙面需要钉钢丝网密度为 15×15，其他工艺同上，见节点 1	加气混凝土或 加气硅酸盐砌块墙基层 聚合物水泥砂浆修补墙面 墙面钉钢丝网密度约15×15 （甩前墙面用水淋湿） 10厚1:0.2:3水泥砂浆刮底 108胶素水泥浆一道（内掺水重3%~5%的108胶） 6厚1:0.2:3水泥砂浆找平层 刮腻子三遍磨平 封闭底涂料一道 白色乳胶漆两遍
墙面同一材质工艺做法	乳胶漆类做法	混凝土隔墙		混凝土墙基层 界面剂一道 水重3%~5%的108胶 10厚1:0.2:3水泥石灰膏砂浆打底扫毛 6厚1:0.2:3水泥石灰膏砂浆找平层 刮腻子三遍磨平 封闭底涂料一道 白色乳胶漆两遍
墙面同一材质工艺做法	乳胶漆类做法	轻钢龙骨隔墙	1. 板与板接缝留 1mm，两边各倒边 2mm，合拼 V 字口 5mm 缝。 2. 用料板材的腻子补修缝，第一遍干透后在找平待第二遍腻子干透后贴碰带。 3. 盯眼螺丝平头应嵌入 1mm，用防锈腻子补平。 4. 先做阴角后批腻子两遍，第一遍垫平，第二遍找平即可	纸面石膏板（或FC纤维水泥加压板或阻燃埃特墙板等）基层 面层界面剂处理 满刮腻子2~3道打磨 封闭底涂料一道（再找平、打磨） 白色乳胶漆两遍 Q75竖向龙骨 Q38×12穿心龙骨

类别	名称	适用部位	用料及分层做法	简图
墙面同一材质工艺做法	乳胶漆类做法	轻钢龙骨隔墙	1. 板与板接缝留 1mm，两边各倒边 2mm，合拼 V 字口 5mm 缝。 2. 用料板材的腻子补修缝，第一遍干透后在找平待第二遍腻子干透后贴碰带。 3. 盯眼螺丝平头应嵌入 1mm，用防锈腻子补平。 4. 先做阴角后批腻子两遍，第一遍垫平，第二遍找平即可	FC纤维水泥加压板 满挂钢丝网刷界面剂 10厚1:0.2:3水泥砂浆 砂浆打底扫毛 6厚1:0.2:3水泥石灰膏 砂浆找平层 刮腻子三道磨平 封闭底涂料一道 白色乳胶漆两遍
墙面同一材质工艺做法	乳胶漆类做法	混凝土隔墙	1. 用膨胀螺栓与卡式龙骨固定在墙面上，安装 U 形轻钢龙骨与卡式龙骨卡槽连接固定中距 300mm。 2.1 用自攻螺丝固定 12mm 纸面石膏板基层，与 U 形轻钢龙骨固定。（适用于纸面石膏板） 2.2 用自攻螺丝固定 FC 纤维水泥加压板基层与 U 形轻钢龙骨固定。（适用于水泥压力板）	建筑墙体 M10膨胀螺栓 卡式主龙骨横档@800~1200 12mm厚纸面石膏板 满刮腻子2~3道打磨 封闭底涂料一道（再找平、打磨） 白色乳胶漆两遍 卡式50副龙骨竖档@300
墙面同一材质工艺做法	乳胶漆类做法	混凝土隔墙	2.2.1 用自攻螺丝把 FC 纤维水泥加压板固定轻钢龙骨隔墙，满挂钢丝网。 2.2.2 10 厚 1:0.3:3 水泥石灰膏砂浆打底扫毛。 2.2.3 6 厚 1:0.3:2.5 水泥石灰膏砂浆找平层。 3. 满刮三遍腻子（内掺水重 3%～5% 的 108 胶）最好采用喷涂。 4. 封闭底涂料一道，待干燥后找平、修补、打磨。 5. 第三遍涂料滚刷要均匀，滚涂要循序渐进	混凝土墙基层 M10膨胀螺栓 卡式龙骨竖档@450 FC纤维水泥加压板 满挂钢丝网 10厚1:0.3:3水泥石灰膏 砂浆打底扫毛 6厚1:0.3:2.5水泥石灰膏 砂浆找平层 刮腻子三遍磨平 封闭底涂料一道 白色乳胶漆两遍
墙面同一材质工艺做法	木龙骨基层不锈钢做法	混凝土隔墙	1. 用自攻螺丝把 FC 纤维水泥加压板固定在轻钢龙骨隔墙上。（适用节点二） 2. 30mm×40mm 木龙骨中距 300mm，刷防火涂料三度，用钢钉与 FC 纤维水泥加压板固定。 3. 12mm 厚多层板基层找平处理，用钢钉与 U 形轻钢龙骨固定，刷防火涂料三度。 4. 制作好的不锈钢模块固定在多层板基层上	15 50 50 30mm×40mm 木龙骨防火处理 木饰面 （细木工板）防火板 1.2厚拉丝不锈钢饰面 细木工板基层防火处理 木挂条

类别	名称	适用部位	用料及分层做法	简图
墙面同一材质工艺做法	轻钢龙骨基层不锈钢做法	轻钢龙骨隔墙	1. 用自攻螺丝把 FC 纤维水泥加压板固定在轻钢龙骨隔墙上。(适用节点二) 2. 30mm×40mm 木龙骨中距 300mm，刷防火涂料三度，用钢钉与 FC 纤维水泥加压板固定。 3. 12mm 厚多层板基层找平处理，用钢钉与 U 形轻钢龙骨固定，刷防火涂料三度。 4. 制作好的不锈钢模块固定在多层板基层上	30mm×40mm 木龙骨防火处理 木饰面 (细木工板) 防火板 1.2厚拉丝不锈钢饰面 细木工板基层防火处理 木挂条
墙面同一材质工艺做法	木龙骨基层不锈钢做法	混凝土隔墙	1.1 用膨胀螺栓与卡式龙骨固定在墙面上，安装 U 形轻钢龙骨与卡式龙骨卡槽连接固定中距 300mm。(见节点一) 1.2 用铆钉把卡式龙骨固定于隔墙龙骨上中距 450mm，安装 U 形轻钢龙骨与卡式龙骨卡槽连接固定中距 300mm。(见节点二) 2. 18mm 厚细木工板基层找平处理，用钢钉与 U 形轻钢龙骨固定，刷防火涂料三度。 3. 制作好的不锈钢模块用枪钉固定在多层板基层上	卡式龙骨 竖档@300 木饰面 (细木工板) 防火板 1.2厚拉丝不锈钢饰面 细木工板基层防火处理 木挂条
墙面同一材质工艺做法	轻钢龙骨基层不锈钢做法	轻钢龙骨隔墙		卡式龙骨 竖档@300 木饰面 (细木工板) 防火板 1.2厚拉丝不锈钢饰面 细木工板基层防火处理 木挂条

A.3.3 地面通用标准节点

　　　　　　　　　　　　　　　　　　　　地面通用标准节点

类别	名称	用料及分层做法	简图
地毯	浮铺地毯、方块地毯及带木龙骨基层做法	1. 如果在有水区域使用，细石混凝土上面还应该增加防水层。 2. 膨胀缝内下部填嵌密封胶。 3. 饰面材料墙端留 10mm 左右膨胀缝，填密封胶。尽可能让踢脚板遮盖。 4. 10厚地毯拼缝黏结，（拼缝处用烫带或狭条麻条带黏结），墙转角四周距立墙或踢脚 10 处用"刺猬木条"固定，门口处用铝合金压边条收口。 5. 5 厚橡胶海绵地毯衬垫。 附注： 1. 地毯品种、规格、颜色由设计人定，并在施工图中注明。 2. 暗管敷设时应以细石混凝土满包卧牢	
地砖	后场厨房地面	1. 10厚铺地砖，DTG擦缝。 2. 5厚DTA砂浆黏结层。 3. 20厚DS干拌砂浆找平层。 4. 防水层做法： F1：0.7厚聚乙烯丙纶防水卷材，用1.3厚胶黏剂黏贴。 F2：1.5厚聚合物水泥基防水涂料。 5. 最薄 35 厚 C15 细石混凝土垫层找坡，坡向地漏，随打随抹平，四周边及竖管根部 DS 干拌砂浆抹成小八字角。 6. 钢筋混凝土楼板	

类别	名称	用料及分层做法	简图
地砖	后场厨房地面	附注： 1. 面层由设计人定，并在施工图中注明，做法参见本分册地面部分相关项目。 2. 地面面积超过 30m² 或长度超过 6m 时，垫层需分仓跳格施工，每格≤6m，留≥5m 宽伸缩缝，缝内满填弹性膨胀膏。 3. 地面荷载大于 50kN/m 时，在垫层内距加热管上皮 10 厚处需加 φ6～150 双向钢筋网。 4. 地面施工注意事项详见《低温热水地板辐射供暖应用技术规程》（DBJ/T 01-49—2000）（北京市标准）	地砖 瓷砖专用黏结剂 钢筋细石混凝土填充层（通常50~60mm） 加热水管（通常φ16 PEX聚乙烯管） 低碳钢丝网片 铝箔反射热层 绝热层（40～50mm挤塑成型聚苯乙烯保温板） 防水层（一般1.5mm） 界面剂一道 20mm宽@6000膨胀缝 原建筑钢筋混凝土楼板 马赛克砖 5厚DTA砂浆黏结层 10厚1:3水泥砂浆保护层 1.5厚JS或聚氨酯涂膜防水层 C20细石混凝土垫层厚度见设计要求 界面剂一道 原建筑钢筋混凝土楼板
木地板	实木复合地板（有地暖）	1. 木地板品种与规格由设计人定，并在施工图中注明。 2. 木地板在粘铺前先在背面涂氯化钠防腐剂，再涂黏结剂。 3. 设计要求燃烧性能为 B1 级时，应按消防部门有关要求加做相应的防火处理。 4. 地面施工注意事项详见《低温热水地板辐射供暖应用技术规程》（DBJ/T 01-49—2000）（北京市标准）	实木复合地板 防潮垫 水泥自流平 钢筋细石混凝土填充层（通常50~60mm） 加热水管（通常φ16 PEX聚乙烯管） 低碳钢丝网片 铝箔反射热层 绝热层（40～50mm挤塑成型聚苯乙烯保温板） 防水层（一般1.5mm） 界面剂一道 20mm宽@6000膨胀缝 原建筑钢筋混凝土楼板
木地板	篮球专用运动地板	附注： 1. 设计时应考虑地板下通风，并在施工图中绘出地板通风箅子和龙骨通风阵位置及大样。 2. 木地板构造示意： 20 50 20 80 20 专用胶黏剂 弹性橡胶垫 3. 黏结用胶需选用运动用木地板专用胶黏剂。 4. 详细技术参数见厂家资料	80宽篮球专用运动地板 双层9厚多层板（防火涂料三度） 木龙骨（防火、防腐处理） 专用减震胶垫 20厚水泥砂浆找平层 C20细石混凝土垫层，φ6钢筋@150，随打随平 界面剂一道 原建筑钢筋混凝土楼板

类别	名称	用料及分层做法	简图
木地板	实木地板（专用龙骨基层）	1. 刷油漆（地板成品已带油漆者无此道工序）。 2. 30 厚 1：3 水泥砂浆找平层。 3. 40×50 木支撑（满涂防腐剂）中距 800，两端头及底面用专用实木地板胶黏剂与龙骨和木垫块块黏牢。 4. 双层 9 厚多层板背面满刷防腐剂。 注意： 1. 本做法不需要在楼板面钻孔、用专用实木地板胶粘剂黏结即可，该胶黏剂强度高、耐潮、耐温。 2. 设计时应考虑地板下通风，并在施工图中绘出地板通风和木龙骨通风孔位置及大样	 实木地板 双层9厚多层板（防火涂料三度） 40×50木龙骨（防火、防腐处理） 界面剂一道 原建筑钢筋混凝土楼板
	复合地板	1. 原建筑钢筋混凝土楼板。 2. 30 厚 1：3 水泥砂浆找平层。 3. 水泥自流平。 4. 地板专用消音垫。 5. 企口型复合木地板	 企口型复合木地板 地板专用消音垫 水泥自流平 30厚1：3水泥砂浆找平层 界面剂一道 原建筑钢筋混凝土楼板
	实木地板（槽钢架空）	1. 本做法不需要在楼板面钻孔、射钉或预留钢筋处置子，用专用实木地板胶黏剂黏结即可，该胶粘剂强度高、耐潮、耐温。 2. 设计时应考虑地板下通风，并在施工图中绘出地板通风算子和龙骨通风孔位置及大样。 注意： 1. 适用于舞台或讲台。 2. 设计要求燃烧性能为 B1 级时，应按消防部门有关要求加做相应的防火处理	 实木复合地板 双层9厚多层板（防火涂料三度） 30×30镀锌方管 6.3号槽钢（防锈漆三度） 原建筑钢筋混凝土楼板 10号镀锌膨胀螺栓 4号镀锌角钢 5厚镀锌钢板

类别	名称	用料及分层做法	简图
木地板	实木地板（方管架空）	1. 本做法不需要在楼板面钻孔、射钉或预留钢筋处置子，用专用实木地板胶黏剂黏结即可，该胶粘剂强度高、耐潮、耐温。 2. 设计时应考虑地板下通风，并在施工图中绘出地板通风箅子和龙骨通风孔位置及大样。 注意： 1. 适用于舞台或讲台。 2. 设计要求燃烧性能为B1级时，应按消防部门有关要求加做相应的防火处理	
木地板	网络地板	1. 原建筑钢筋混凝土楼板。 2. 1：3水泥砂浆找平。 3. 1：3水泥砂浆抹面压实赶光，干后卧铜条分格（铜条打眼穿22号镀锌低碳钢丝卧牢，每米4眼）。 4. 可调节支架系统。 5. 网络地板。 注意： 地板与墙边接缝处理方法如细缝小可用泡沫塑料镶嵌，缝隙大应采用木条镶嵌	
木地板	实木地板（木龙骨基层）	1. 原建筑钢筋混凝土楼板。 2. 20厚水泥砂浆找平层。 3. 1：3水泥砂浆抹灰底层。 4. 10厚水泥砂浆抹灰面层。 5. 木搁栅垫木调平。 6. 30×40木龙骨（防火、防腐处理）（水泥砂浆固定）。 7. 双层9厚多层板（防火涂料三度）（钢钉固定）。 8. 实木地板	

类别	名称	用料及分层做法	简图
石材	石材（有地暖、无防水）	1. 原建筑钢筋混凝土楼板。 2. 20厚1：3水泥砂浆找平。 3. 1.5厚JS或聚氨酯涂膜防水层。 4. 40厚聚苯乙烯泡沫塑料保温层。 5. 铺真空镀铝聚脂薄膜（或铺玻璃布基铝箔贴面层）绝缘层。 6. 铺18号镀锌低碳钢丝网，用扎带与加热管绑牢。 7. 加热管。 8. 50厚C20细石混凝土垫层，φ6钢筋@150，随打随平（表面开伸缩缝）。 9. 30厚1：3干硬性水泥砂浆黏结层。 10. 10厚素水泥膏（黑/白水泥膏）。 11. 石材（六面防护）	石材（六面防护） 10厚素水泥膏（黑/白水泥膏） 30厚1：3干硬性水泥砂浆黏结层 钢筋细石混凝土填充层（通常50~60mm） 加热水管（通常φ16 PEX聚乙烯管） 低碳钢丝网片 铝箔反射热层 绝热层（40~50mm挤塑成型聚苯乙烯保温板） 防水层（一般1.5mm） 界面剂一道 原建筑钢筋混凝土楼板
	石材（有防水、有垫层）	1. 原建筑钢筋混凝土楼板。 2. 30厚1：3水泥砂浆找平层。 3. 1.5厚JS或聚氨酯涂膜防水层。 4. 10厚1：3水泥砂浆保护层。 5. 30厚1：3干硬性水泥砂浆黏结层。 6. 10厚素水泥膏（黑/白水泥膏）。 7. 石材（六面防护）。 注意： 1. 防水完全做完后蓄水试验3~5天。 2. 地漏处下水方向的防水处理必须做好灌浆加实	石材（六面防护） 10厚素水泥膏（黑/白水泥膏） 30厚1：3干硬性水泥砂浆黏结层 10厚1：3水泥砂浆保护层 防水层（一般1.5mm） 原建筑钢筋混凝土楼板
	石材（无防水、有垫层）	1. 原建筑钢筋混凝土楼板。 2. CL7.5轻集料混凝土垫层（厚度依现场实际）。 3. 30厚1：3水泥砂浆找平层。 4. 30厚1：3干硬性水泥砂浆黏结层。 5. 石材（六面防护）。 注意： 1. 大理石的颜色、品种由设计人定，并在施工图中注明。 2. 防污剂需按厂家使用说明施工	石材 素水泥膏一道 30厚1：3干硬性水泥砂浆结合层 CL7.5轻集料混凝土垫层（厚度依设计定） 界面剂一道 原建筑钢筋混凝土楼板 石材 10厚素水泥膏 30厚1：3干硬性水泥砂浆结合层 30厚C20细石混凝土找平层 界面剂一道 原建筑钢筋混凝土楼板

类别	名称	用料及分层做法	简图
自流平		1. 原建筑钢筋混凝土楼板。 2. 50厚C10细石混凝土垫层，φ6钢筋@150。 3. 20厚1∶3水泥砂浆找平层。 4. 1.5厚JS或聚氨酯涂膜防水层。 5. 10厚1∶3水泥砂浆保护层。 6. 20厚1∶3水泥砂浆找平层。 7. 自流平界面剂。 8. 水泥基自流平砂浆层。 9. 底涂层。 10. 环氧树脂（或聚氨酯薄涂层）	环氧树脂（或聚氨酯薄涂层）面层 底涂层 水泥基自流平砂浆层 自流平界面剂 10厚1∶3水泥砂浆保护层 防水层（一般1.5mm） 50厚C20细石混凝土垫层，L6钢筋@150 界面剂一道 原建筑钢筋混凝土楼板